逸情過後・科技已至

Beyond Detached Worldly Feelings · Technology Has Arrived

量子空間等化儀系列一

－ 下冊 －

DISCLAIMER
免責聲明

　　本書的很多內容已超越目前世界的普遍認知，閱讀者須自行承擔一切風險，本人不會負責任何因閱讀本書而引致之損失。本人也不會作出任何默示的擔保。

　　本人承諾力求書內容之準確性及完整性，但內容如有錯誤或遺漏，本人也不會承擔任何賠償責任。

　　本人不會對使用或連結本書內延伸連接而引致任何損害（包括但不限於電腦病毒、系統故障、資料損失）、誹謗、侵犯版權或知識產權所造成的損失，包括但不限於利潤、商譽、使用、資料損失或其他無形損失，本人不承擔任何直接、間接、附帶、特別、衍生性或懲罰性賠償。

　　本書可能會提供連接至其他機構所提供的網頁，本書也不會對這些網頁內容作出任何保證或承擔任何責任。使用者如瀏覽這些網頁或相關資料，將要自己承擔後果。是否使用本書之服務下載或取得任何資料應由用戶自行考慮且自負風險，因前開任何資料之下載而導致用戶電腦系統之任何損壞或資料流失，本人亦不承擔任何責任。

COPYRIGHT NOTICE
版權聲明

宇宙大學，任你遨遊

　　若在第一冊就充分進入實務應用，會否覺得眼前展開的是「宇宙大學」高維課堂？例如：「迷信 V.S. 科學」，光是「科技法會」操作便會讓人驚豔不已，既免除了宗教上所有繁文縟節形式，還無遠弗屆照顧到眾生靈需求。事實上在日常，許多無解的狀態都與量子糾纏有關，只是我們無意識的歸之為「倒霉」、「業力」而多束手無策。

　　至於各種可能的量子應用則寓意「無所不能」，是否提醒我們老受困在有形有相的世界多麼冤枉啊！而林子霖不僅自己玩，還把研發工具都交給了儀器用戶，讓大家可根據自己專業或臨床，上傳「專家校正」調理項目到雲端，百花齊放、無所不有，此從臉書社團「量子好生活」得窺其一。

　　同時，這不只是科技應用而已，「繁星點點」更已經落實到經濟生活層面，亦即後疫情消費導向勢必要改變了，朝著沒有後遺症，或不耗能，或無汙染的人類環境生態發展，帶動另一波創新經濟模式，正因為知之者甚少，反而商機無限啊！

　　當然，這些肯定不是物質世界的舊戲碼了，凡與 Q.S.E. 系統的宇宙大智慧打過交道後，只會愈加敬謹守護自己的意念，明白工具應用與操作者意識共振，藉以修行自己定靜，時刻保持覺知觀照。看來「宇宙大學」也是道場，留待更多有緣人跟我們一起邁入量子世界吧！

愛之島共生學苑發起人

蕭伃恩

當你在閱讀本冊時，相信你已經看過上冊了，如果沒有讀過上冊，建議你先從第一冊開始閱讀，會比較容易進入狀態。

經過10餘年的推廣與落實後，下面就是量子空間等化儀過去所進行過比較成功的案例。

① 重度昏迷腦溢血調整。

②「佛曲禪修」之科學說明，論文發表（華嚴學會）。

③ 有機農場病蟲害控制。

④ 室內有機農場蔬菜促進生長。

⑤ 嬰兒異位性皮膚炎調整。

⑥ 不明毒素感染皮膚調整。

⑦ 僵直性脊椎炎DNA調整。

⑧ 羊膜穿刺發現唐氏症胎兒的DNA調整。

⑨ 糖尿病調整。

⑩ 胸骨斷裂快速重生癒合。

量子空間等化儀與一般坊間的量子儀器最大的不同是：量子空間等化儀是一個研發、學習系統，而非像坊間的其他儀器，只是單純一部量子儀器而已。

量子空間等化儀是在「繁星點點計劃」下的一個基礎子計畫，跟隨著一系列的教育培訓，培育出屬於Q.S.E.的專業操作使用者（量子訊息等化師認證系統＆量子訊息輔導師）。而量子雲端系統則是面對一般的

民眾所運行的一個免費體驗平台。QBU則是針對所有民眾的佩戴型量子設備，並與量子空間等化儀＆量子雲端系統進行盤根錯節的量子資源共享平台。

　　因此，量子空間等化儀並不是單純一部儀器，除了研發、推廣發展外，還肩負著教育與落實的任務。我在40年前透過網路改變了這個世界，10餘年後的量子儀器，透過「繁星點點計劃」逐步落實量子化的生活應用，應該會再次撼動這個世界！

　　未來的量子雲端整合系統，將會：
① 以訊息療法為基礎（遠端處理）。
② 療癒調整系統Try before you buy。
③ 全程免費試用（免費才是王道）。
④ 使用簡單，只需上傳電子照片。
⑤ 檢測及療癒調整，無須任何檢測硬體配件。
⑥ 慢性病定時投藥系統（訊息療法）。
⑦ 提供程式師設計程式來加以呼叫（SDK）。

　　未來的量子雲端整合系統，將會再次：
① 影響食、衣、住、行、育、樂。
② 影響商業交易模式（跨境電商）。
③ 影響現行廣告模式（雙贏廣告）。
④ 影響現行金融模式（跨境金融）。
⑤ 影響現行運輸模式（共享運輸）。
⑥ 影響現行娛樂事業（個體娛樂）。
⑦ 影響現行教育模式（超大數據）。

以後只要憑一支手機，就可以完成上面的所有事項，等同是網路的升級版。本冊主要在介紹量子空間等化儀已經落實的一些商業應用及可行性。

林子霖 博士

筆名	莫明
主修	電子工程學（E.E.）
鑽研	易經及各類五術、不同能量間轉換技術

進修

廣州中醫藥大學中醫內科學碩士、博士

經歷

高傳真系統（Hi-Fi）設計與研發、電腦硬體設計與研發、電腦軟體程式設計

專精

有線通訊（電話）、無線通訊（香腸族、火腿族）、數位通訊（網路）、生物通訊（生物能）、量子通訊（訊息層）

著作

BBS電腦通訊站入門與架設實務（立威）、BBS電腦通訊站技術秘笈（第三波）、Maximus BBS 架設實務（資訊與電腦）、BBS電腦通訊站使用入門（倚天）、BBS電腦通訊站使用入門增訂版（倚天）、小朋友學BBS（長諾）、數據通訊教材系列：BBS & Internet入門篇（松崗）、Internet輕鬆上網（第三波）

CONTENTS

CHAPTER. 01

物質訊息化
Informatization of Material

CHAPTER. 02

迷信 V.S. 科學
Superstition V.S. Science

CHAPTER. 03

量子農業
Quantum Agriculture

CHAPTER. 04

各種可能的量子應用
Various Possible Quantum Applications

CHAPTER. 05

繁星點點計劃
Stars Plan

CHAPTER. 06

附錄
Appendix

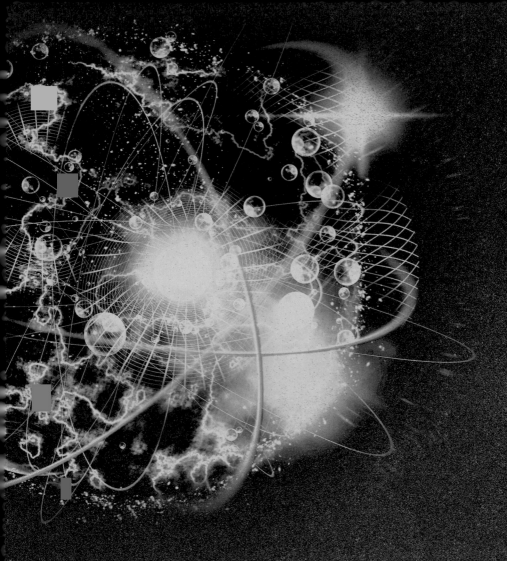

CHAPTER 1

物質訊息化

Informatization of Material

中藥訊息化

Informatization of Traditional Chinese Medicine

中醫的西醫化

講到中醫科學化，還真是說來話長呀！

但是中醫的科學化，反而是把中醫給西醫化了，西醫的基礎理論與中醫理論有很大的差別，最大的差別是思維邏輯的不同。因此，在台灣是把中藥變成了科學中藥（主要是因為方便管理），中醫使用西醫對抗邏輯來針對疾病進行對治。

大部分參加健保的中醫師被逼著用西醫的思維，用科學中藥去治療西醫所命名的病症。雖然這很無奈，但也是迫於現實，因為很多中醫理論的描述太過艱澀（例如：陰虛火旺），一般人根本就搞不懂，溝通上有障礙，自然很難建立醫病關係間的信任感，所以比較懶惰的中醫師乾脆全部用西醫那套症狀治療的思維邏輯來看診。

當然，比較堅持中醫理論的中醫師，還是想維持中醫理論的思維邏輯，只好當兩面人，在跟病患溝通時用西醫的描述，在治病時則用中醫邏輯，至於中間如何對應，就由中醫師自己依照邏輯加以對應。

其實以上兩種情況，時間一長，通通都會變成西醫式的思維，只是中醫師自己不自知。每次聽中醫師跟我談病毒或流感，我經常都會驚覺自己是不是跑到西醫院，但目前整個醫療系統完全是西醫在管理（這無關對錯），中醫想要有出頭的一天是滿難的事！

很多想推廣中醫科學化的專家，往往想試著證明中醫理論是科學的，也藉此來提升自己的層次，或是乾脆稱中醫理論高於西方科學。其實，歷史文

化的背景不同，自然就會發展出不同的東西，要把兩個本質上不同的東西放在一起比較，反而本來就不科學。

中醫民科及科學的發展

中醫體系很明顯在目前並不是主流，整個醫療系統是由西醫主控，能把中醫納入系統，其實已經算是一項進步了，而中醫理論的發展是由民間科學愛好者（簡稱民科）慢慢建立起來的。民科大多是由個人開始（大部分都有特異功能，能透視人體或有特別感應能力），早期因為交通不發達，因此發展也止於規模較小的群眾。但因為是開始於個人，而這類人天賦異稟，所以觀察到的人體現象十分雷同，只是發展出的治療方式不同。

而因為民科與科學的發展過程不同，所以硬要將其歸類為「偽科學」是很不恰當的說法，只是科學與民科的思維模式不同而已。而「民科」大多偏執地認為自己懷揣著天下了不起的科學理論，任何人的不同意見都聽不進去，且易認為別人不懂；或認為權威在打壓他；或認為別人要剽竊他的理論。由於偏執，「民科」往往生活在自己的精神世界裡，世俗社會也難和「民科」有正常的交流。有很多近代的中醫大家，雖然有些精彩的中醫理論，但精髓部分往往只有斷簡殘篇，這都是民科的常見特徵。

但科學需要交流，而被認同的理論是放諸四海皆準，這樣的理論才能被認同，也才能成為科學。

因為這些差異，所以一旦中醫理論想科學化，往往會越走越像西醫的思維模式。台灣幾10年下來，參加健保的中醫師口中講的都是西醫的病名，用的都是科學中藥，把病分類再進行用藥，且中醫師大多採用類似西醫的問診方式（如今有約50%以上的中醫師不會真正把脈），就算有把脈也是假裝「摸一下」，但其實沒摸脈之前，他們心中已經想好要開什麼科學中藥了（中醫基礎的四診合參，頂多只有用到「問」）。

除了中醫師嚴重西醫化外，把中藥當成青菜種植（中藥特有的「地道藥材」已經蕩然無存），也使得中藥材逐漸失去藥性，而目前中醫師的培訓學習過程，也沒見過全部中藥的真正外形，等畢業在外執業後，通常也沒有能力去辨別中藥是否有效。

地道藥材又稱道地藥材，是指傳統中藥材中透過特定的種植、產區、生產技術或加工方法，而製成的中藥材。

「地道」二字具有原產、真實、特有、優質等含義，而中醫的地道藥材有兩百餘種，它們往往具有以下特點：具有特定的優良種質；產區相對固定，具有明確的地域性；生產較為集中，栽培技術和產地加工均有一定特色，比其他產區的同種藥材品質佳，質量好，具特有的質量標準。

因此，現在的中醫師如果本身沒有一些特殊的感應或透視能力，其實都只能淪為與西醫一樣的問診開藥一途而已。

量子醫學的出現

量子醫學中的主角量子儀器，本來就是西方的產物，因此使用西方的思維模式是必然的。經過幾10年的發展，量子儀器並沒有如預期般登上主流殿堂，原因是除了其使用的量子力學理論得不到大部分人認同外，西醫疾病對治思維的發展，在量子儀器上更是發揮到極致，卻也反而讓量子儀器的發展，一步步走向死胡同。量子力學是一個觀微的理論，除了「觀微」再加上「測不準原則」，讓量子儀器的推廣過程非常坎坷。因為整個西方醫學目前尚停留在物質層面，而量子力學已經逐漸走到比原子還小的地步，甚至已經到意識層面。

西醫學是圍繞在一堆科學儀器檢測下的一種對治醫學，要換成量子儀器不是不行，而是量子儀器檢測出來的微細結果，以現行醫學而言，無法提供相對應的對治方法，同時量子儀器檢測出來的結果，無法在現行的西醫儀器上得到同步的檢測結果。因此，量子儀器只能自己產生對治的方法，而無法套用現行西醫學的方式。

西醫學在細菌感染的治療方式是用抗生素，而抗生素是全身性的循環殺菌，因此殺菌過程會對身體產生一定的損傷。隨著醫學的發展，目前新式的抗生素對身體傷害越來越小，但只要能夠殺菌，對身體產生傷害還是必然的。因為身體裡面並不是無菌，而是需要許多細菌偕同工作，尤其是腸道。

在量子醫學的角度，可精確查出身體裡是否有細菌感染的訊息，然後透過量子儀器可直接進行訊息滅菌。但前提是要明確知道該細菌的訊息，且量子儀器的資料庫內要有這些細菌的資料，才能進行比對，而比對到後，就能產生療程來對治。

因此，量子儀器的資料庫完整度，對量子儀器而言非常重要。但問題在於沒有一部量子儀器能真正擁有完整的資料，只能是相對地齊全，透過量子資料庫與病人的比對，查出問題，然後產生對治方案。因為這個原因，常常會看到很多量子儀器，資料庫裡包山包海，有西醫系統、中醫系統、同類製劑、花精療法等等。

而大部分的儀器系統，在用戶購買的那一刻，就已經宣告儀器的死期了。因為儀器的規格及資料庫內容已經固定，大部分的儀器設備都不會提供升級服務（或是須付費進行有限度的升級），而是要用戶以後再買一部新儀器（商業運營模式就是這樣）。例如：像H9N1、非洲豬瘟、新冠病毒，這類新的病毒訊息就不會存在儀器的資料庫內，舊的儀器就很明顯驗不到了。

因為問題一直陸續在新增，而用戶之前購買的儀器逐漸驗不到新的項目，所以只好再買一部新的儀器。

目前已知，只有量子空間等化儀這部量子儀器，有提供完全免費的升級

服務（據了解到目前為止，已經免費提供超過10年的資料庫與軟體升級）。這部量子儀器，也是少見具有開發系統功能的一部量子儀器，可讓儀器操作者，自行輸入新的項目及開發屬於自己專有的儀器功能。下圖就是量子空間等化儀裡面的部分量子資料庫內容。

	脊椎與骨骼相關	骨盆腔校正 (坐骨神經痛)	骨盆腔校正 (坐骨神經痛)
	農業應用	農業相關校正 (Agricultural Align	多用途 (植物成長、異味消除、昆蟲控制)
	農業應用	非洲豬瘟 (African swine fever)，	非洲豬瘟病毒科是雙鏈DNA病毒中的一個科。非洲豬瘟病毒屬是本科唯一的一個屬
	農業應用	重建蚯蚓活力	重建蚯蚓適合的環境，進而促進蚯蚓活力及生長。
	農業應用	土地元素	提高土地肥力及促進元素的活化。
	農業應用	磷質催化	磷質催化 (活化土中潛在的磷質)。
	農業應用	海藻元素	增加提高 海藻元素。
	農業應用	阿拉斯加魚油 元素	阿拉斯加魚油 元素
	農業應用	提高 碳 元素	提高 碳 元素

　　而唯有能不斷免費升級更新的儀器，才是一部具有生命力的儀器，而不是僅僅一部死儀器。

量子儀器中運用的系統性思維

　　部分市面上的量子儀器雖然有中醫系統資料，但不代表這部量子儀器就是用中醫理論在運行（差距有如天壤之別），而是該量子儀器僅僅是利用中醫的資料進行比對而已，查到問題後，還是一樣用西醫的對治方法解決病症。

　　而真正的中醫理論是系統式的，用的是中醫的思維模式，就算量子儀器把中醫資料放到量子資料庫內，該量子儀器還是西方的思維，也依然是西方的對治方法。而現實是，人體內的資源有限，就算用量子儀器查出一大堆可能的原因，然後產生一堆項目去對治，效果往往得不到預期。這就是量子儀器在採用原本的西方思維下，不斷豐富資料庫後，會逐漸走入死胡同的主要原因（掃描出來的原因越來越多）。

　　用一個淺顯的道理來解釋，大家應該會比較容易明白，有人朝你的臉打一拳，導致你的臉腫起來了，一般會有兩個選擇。

①把打你一拳的人「打死」。

②趕快幫自己的臉消腫（治療）。

如果你認為是細菌致病，因此一定要把細菌趕盡殺絕才可以，否則腫不會消，這樣做就是選①的意思。

因為任何一種治療方法，都沒有真正起治療效果，而真正治療自己的是「自己的身體」，不管是西醫還是中醫，都只是提供一種協助身體處理的方法，希望縮短整個恢復的速度而已。

因此細菌只是在適當的時候，出現在適當的地方，卻反而被人類認為是細菌致病的邏輯，本來就是有很大問題。既然如此，到底可不可以滅菌？當然可以，西醫就是這樣做的，不是嗎？

這就像發生火災時，一堆人在看熱鬧，因為這些看熱鬧的人會影響救援，所以驅離是必要的措施，但只要火災繼續存在，肯定一直都會有看熱鬧的人，而且還會越來越多人！

這是雞生蛋、蛋生雞的問題，因此一味地驅離（適當的驅離也許是必要的），而不設法趕快滅火，這方法存在一定的邏輯錯誤。而中醫是系統性的處理邏輯（從12經脈下手，局部採用阿是穴緩解），並且從源頭一處理，火就自然滅了，只要火滅了，看熱鬧的人就會自然散去，完全不需要驅離。

換句話說，用西方醫學的邏輯，會看到動用一堆資源在滅菌，看起來好像很厲害，但是火還是繼續燒（最後火可能是自己滅的），但細菌越滅越少，到後來火也滅了（身體的自癒功能），細菌也沒了，結論就變成：「因為細菌滅光，所以病才痊癒。」但目前的局面是相信西醫邏輯的人居多，因此就只能繼續滅菌、滅病毒！

當然，中醫理論不是萬靈丹，好劍還得配英雄，嚴重西化的中醫師自然無法發揮中醫理論的特長，且因為只是把西藥換成中藥而已，所以中醫才會被認為治療速度慢。其實，以咳嗽來講，厲害的中醫，一、兩帖藥就能快速

緩解，而吃西藥的病人，一般在 2～3 天後還繼續在咳嗽。回過頭來講細菌，當你的身體不是適合細菌居住時，細菌就會離你遠去。因此，我們需要調理我們的身體，而不是外在的細菌或是病毒。

目前已知，量子空間等化儀這部量子儀器，是全世界首部完全採用中醫理論的系統化思維設計出來的量子儀器，因而能在短短 10 餘年的時間，就在量子醫學領域竄出名號，自己闖出中醫理論科學化的一片天。

因為使用中醫的系統性思維方式，所以已經完全跳脫量子儀器單純只依靠資料庫檢測的方式，在沒有進行資料庫更新前，也能輕易進行任何檢測，而且可以立即產生對應的調理方案（中藥方自動進行重組，而成為全新的中藥方）。隨著量子雲端系統的普及落實，相信量子醫學（訊息療法）會更上一層樓，而不是像其餘量子儀器一樣虛度而過。

因此，只要不斷把傳統實體中藥訊息化，並通通輸入到量子資料庫內，往後就不再需要這些實體中藥了，也不再會碰觸到任何動保法規或任何禁用中藥的規定。因為法令只針對實體藥物進行控管，而量子醫學並沒有用到任何的實體，而是只使用其實體的訊息，所以無物質性的問題。

目前，量子空間等化儀（Q.S.E.）裡已經有相當豐富的中藥單方與中藥成方，且尚在不斷的增加中（全球的 Q.S.E. 用戶都可以使用）。因此，隨著中藥訊息資料庫越來越完整，中藥的全面訊息化已指日可待。

西藥訊息化

Informatization of Western Medicine

治療的案例①：量子空間等化儀初用

約10餘年前，我的小女兒發燒，本想帶她去看中醫，但剛好中醫當天休診，於是「死馬當活馬醫」，就用量子空間等化儀（Q.S.E.）來處理，我找出了主要問題在膽經（也可以用西方醫學的找法，但我自己習慣用中醫的找法），因此跑了「疏通經脈」的相關的程式，再加上色彩療法送「黃光」給她（Q.S.E.已內含色彩療法及芳香療法的等化率值），最後再輸出一杯水（內含約十幾種等化率值）給她喝，幾個小時後，她就退燒了。

後來好像發燒的溫度沒有完全下降（發燒本來就經常會反覆），因此我又跑了同樣的程式一次，並又給她喝了一杯水（內含約十幾種等化率值），晚上她睡覺時，就沒有再因為不舒服而不斷大叫（前天晚上她就是因為身體不舒服而大叫）。為了確保療程效果，因此我又進行一次同樣的療程。

根據那陣子的使用心得，是發現有很多人背地裡都有「黑暗靈力」（Dark Psychic Forces）的干擾，尤其一些比較奇怪的案例，就更要去查有無「黑暗靈力」（Dark Psychic Forces）。

這次我在查小女兒時，發現她也有這種「黑暗靈力」（Dark Psychic Forces）的問題，我覺得父母如果有類似感應能力時，通常小孩就比較會有這種干擾的問題。當然，既然無意間發現，就順便也進行等化了！

治療的案例②：西藥的訊息化

　　有一次我妻子突然感冒，最大的症狀就是咳嗽，剛開始咳時，約1分鐘咳一次。由於有了之前小女兒發燒的處理經驗，我此次當然駕輕就熟地用起量子空間等化儀（Q.S.E.）來處理。

　　當時我由於剛拿到量子空間等化儀的穴位對應表參考文件，於是興高采烈地決定，用中醫的經脈穴位療法試試看。

　　雖然量子空間等化儀（Q.S.E.）已內建中醫的12經脈及任督兩脈，但用的都是英文及代號，因此如果沒有這份參考文件，基本上無法順利使用。另外，要特別一提的是，儀器內關於經脈穴位的位置與我們傳統中醫經脈的順序不太一樣，詳情請見下圖（我只有拍照一頁，但整份文件是12經脈及任督二脈都有）。

　　一般中醫的針法會留針15～30分鐘，但在使用儀器時不需要留針這麼久，因此我每個穴位各別只跑了約1分多鐘，然後重覆跑約二十次。接著我先協助別人跑他們的療程（我的儀器基本上都沒關，每天都有滿滿的待處理親友在排隊），之後再回來跑我妻子的療程，會這樣做的原因是希望讓肉體有一點休息時間，而不要密集跑，這樣有時效果反而會好一點。

　　因為過幾天，我們就要去香港交機及進行相關訓練，所以沒什麼時間能依照中醫的理論來選穴，只是依照穴位文件上的每個穴位主治功能來大概勾選，然後就讓療程開始進行了。經過約1、2天的觀察，妻子的咳嗽症狀似乎越來越厲害，但因為感覺是在排身體的毒素，所以就放任讓其一直排，到了第3天，我實在是看不下去，不忍心看自己的妻子如此辛苦，此時她已經嚴重到1分鐘約咳40秒，也就是幾乎一直在咳嗽。

　　我開始選用不同穴位，試圖想要讓情況得到控制，後來雖然有點改善，

但我不覺得已經得到控制。眼見香港行即將逼近，如果到了香港還繼續這麼嚴重就不好了（人在外地最好不要生病），只好帶她去看西醫，想用西醫的藥讓病情快速得到抑制和控制，以後有機會再慢慢排身體的毒。

拿了西藥後，我不打算讓妻子吃西藥，我純粹只是為了拿藥，並打算使用量子空間等化儀（Q.S.E.）的高級手法（沾黏板使用必須已經得心應手才行），先找出這些西藥的等化率值（Rates），然後編一個新療程，把這些西藥的等化率值（Rates）放進去，這樣就完成模擬吃西藥的準備。

也就是直接跑這個新編的療程，就等於是直接吃這些西藥（單純訊息）的意思，如此能讓這些西藥的訊息透過量子空間等化儀（Q.S.E.）送入我妻子的訊息場內（IDF），但沒有西藥的化學性副作用。

執行這個新療程約半小時後（整個療程約需跑3小時），很神奇地，妻子由原來1分鐘約咳40秒的頻率，降到幾乎是不咳了，頂多只是10幾分鐘咳個一、兩次。

天呀！就算是真的吃西藥下去，速度應該也沒有這麼快，本來是咳個半死，半小後幾乎判若兩人。大家知道咳嗽是最難好的症狀，就算會好也很難斷根，現在完全沒吃藥，卻能有如此效果，確實很令人驚訝！

當然，感冒還沒有真正痊癒，妻子還是有繼續在咳，只不過被西藥壓制下去了（這符合我的想法，我就是要先壓下去）。剛好常榮中醫診所（埋針減肥界極為出名）的林淳璟醫師（也是儀器用戶）到我的公司問一些有關儀器的用法，林醫師很熱心地幫我妻子刮了一下痧，果然有一邊特別的瘀（真是很不好意思，還讓林醫師出手）。刮完後，妻子也真的又比較不咳了，林醫師果真是我們的貴人呀！

沒錯，以我個人的觀念是不喜歡凡事都用壓制的，所以生病時，我們全家都不看西醫，頂多嚴重時會去看中醫。不過西醫自然有其價值，像這次我們就需要用到西醫的西藥，至少先將咳嗽症狀控制下來，否則就會影響正事。

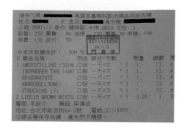

看診的收據。

下面是這次西醫開的全部西藥的藥名及照片。

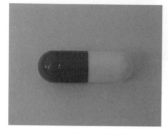

Amoxicilline抗生素

Ambroxol去痰

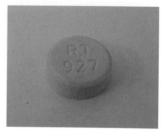

Strocaine胃藥

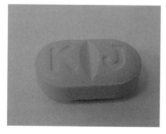

Ibuprofen消炎藥

Benzonatate去咳

（column.01）操作流程

以下大概描述我處理的流程，供大家參考。

01　掃描

使用量子空間等化儀（Q.S.E.）配的掃描光筆，先將儀器模式切換到掃描模式（SCN）後，將西藥放到延伸檢測板上（一次一種藥物），然後將搜尋到的數字一個一個登記下來，確定掃不到後，就表示前面所累積的數字就是此藥的等化率值（Rates）。

放到新建的療程

將以上五種藥的等化率值（Rates）放到新建的療程，跑療程的時間我是設定50秒，次數也是五十次。另外，我有將整包西藥放在延伸檢測板上，這樣可以強化訊息的效果，讓整個療效更為有效及持久。

另外，醫師還有開了一瓶甘草止咳藥水（現在連西醫都用起中藥來了），我也有找出此藥水的等化率值，同時也有放在延伸檢測板上，強化訊息用。

03 實際測試

回到台灣後，中國大陸的朋友發E-Mail過來，說他妻子也突然感冒咳嗽，於是我就把我找出的西藥等化率值發給他試用，他的反應也是說效果很好，很快就不咳了（如果以後大部分人都有儀器，我們可能都不需要再真正吃藥）。

剛找出這些西藥的等化率值時，我還是有點擔心自己的功力不夠，萬一掃描錯誤怎麼辦？但經過自己測試及中國大陸朋友試過後，就更加增進自己在這方面的信心！

經過這次的實驗，我無意中發現，將西藥訊息化後，西藥的副作用明顯不見了，而且比實際吃西藥的物質效果更快。

將物品訊息化的步驟

❶ 將物品放在量子空間等化儀（Q.S.E. 3000 型）的延伸檢測板上。

❷ 用掃描光筆掃描儀器鍵盤上的數字 0 ～ 9，同時雙手透過摩擦沾黏板及旋轉檢測旋鈕，透過沾黏感的出現去鑒別是哪個數字，即得等化率值（數值會顯示在 LCD 顯示屏上）。

❸ 將得到的等化率值建立成新的療程，即完成物品訊息化。

保健品訊息化

Informatization of Health Products

中藥溫和？無毒？

古代常把毒藥看成是一切藥物的總稱，而把藥物的毒性看作是藥物的偏性。故《周禮》有「醫師掌醫之政令，聚毒藥以供醫事」的說法。

明代張景岳《類經》云：「藥以治病，因毒為能，所謂毒者，因氣味之偏也。蓋氣味之正者，穀食之屬是也，所以養人之正氣。氣味之偏者，藥餌之屬是也，所以袪人之邪氣。」

QUESTIONS

◆ **只要不是呈現和諧狀態下的食物，就是有偏性嗎？**

不具偏性的食物沒有什麼味道，而且在酸鹼測試中會呈現中性（PH7）。只要是味道濃郁的食物，都具有偏性，且味道越強烈則偏性越強。在現實的環境，幾乎找不到沒有偏性的食物，只是偏多偏少罷了！

用化學的方式說明，偏性可用濃度來看待（不完全相同）。濃度越強影響就越嚴重，因此經常食用偏性大的食物，身體就會慢慢被推偏，也就是生病。

◆ **如何避免偏性的傷害？**

方法只有一個，就是雜食，而且就算是同一種菜，也不要向同一個商家購買，讓食物的來源越複雜越好。

◆ **什麼是偏性？**

偏性是指萬事萬物偏離各自訊息的原始設定，因此偏性容易導致不舒服或疾病。

中醫治病的方法為以偏糾偏

西藥V.S.保健品，兩者的本質類似，越是號稱使用科技手段做出來的保健品，越是接近西藥。那為何不當成西藥來賣？因為要成為西藥，有非常嚴格的臨床科學要求，只要任何一點沒符合，就無法成為西藥。

成為西藥的必要條件，就是必須要列明全部的藥物副作用，而副作用是建立在臨床實驗上，而不是用猜的。因此若要找出所有的副作用，就須投入龐大的人力、物力，也就是絕對需要資金的支持。

保健品，其實就是尚未驗證副作用的類西藥，而西藥與保健品的共通現象為「傷陰、傷津」。雖然那是中醫用語，換成白話就是容易上火，會口乾舌燥（並不是每個人都可以講出自己的感受）。上火，看起來好像是小事，但若不好好處理，最後都會演變成難以收拾的病症。

為何會「傷陰」？因為萃取提高了偏性，讓產品都呈現極陽的現象，大部分的保健品都是極陽的，只有少數是極陰的。不過，均衡才是王道！

(column.01) 中藥 V.S. 西藥＆保健品

任何萃取後的中藥，就不應該被稱為中藥，因為缺少了氣。台灣健保使用的科學中藥，並不是萃取的，而是使用湯劑浸潤澱粉而成。因此，雖然效果沒有湯劑好，但是使用方便，也較沒有安全性的問題。

很多西藥也是選用中藥進行提煉，並只使用中藥裡的特殊成分，其中大部分的成分都被捨棄，尤其是氣的部分。

而保健品跟西藥，在訊息處理上完全相同（在物質層面相同），但透過量子空間等化儀的訊息化後，已經不具備物質的特性。不管是西藥的列明副作用，或是保健產品的副作用不明，變成訊息後，其副作用都會變成觀察不到。

因此，將西藥或保健品訊息化的優點多，使用上又彈性，也不需要再耗損物質，減輕對地球資源的消耗，真是醫療保健界的明日之星。

　　另外，將西藥或保健品訊息化後（一種物質以一條等化率值代表），因為可使用電腦進行共振比對，不需要實物，所以可以遠端執行檢測，也可以遠端發射訊息來進行療程，豈不妙哉！

　　我們即將迎來一個純訊息的世界，能轉換任何事物成為訊息，不用再擔心藥物或保健品的安全性，因為不再需要實體物質了。

訊息、能量、物質之間的關係

物質可以先轉換成能量，再由能量轉換成訊息。關於訊息、能量、物質間的詳細說明，請參考上冊的P.42。

萬物訊息化

Informatization of All Things

 ## 全食物與陰陽概念

QUESTIONS

◆ 何謂全食物？

天然完整、未經加工精製的食物，仍具有生命力，以植物性為主。例如：蔬菜、水果、糙米等全穀類，以及豆類、堅果類、藻類等。

◆ 何謂陰陽？

陰、陽互相對立，且萬物皆有其互相對立的特性。例如：熱為陽，寒為陰；天為陽，地為陰；説明了宇宙間所有事物皆對立存在。

然這種對立並非絕對，而是相對。例如：上為陽，下為陰，平地相對於山峰，山峰為陽，平地為陰；但平地若相對於地底，則平地屬陽、地底屬陰。

另外，陰、陽存在互根、互依、互相轉化的關係，陰中有陽，陽中有陰，因彼此的消長，陰陽可變化出許多不同的現象分類。

◆ 何謂作用力？

牛頓第三定律（Newton's third law），在古典力學裡闡明，當兩個物體交互作用時，彼此施加於對方的力，其大小相等、方向相反。

力必會成雙結對出現，其中一道力稱為「作用力」；而另一道力稱為「反作用力」（拉丁語 actio 與 reactio 的翻譯）或「抗力」；兩道力的大小相等、方向相反；它們之間的分辨是純然任意的；任何一道力都可被認為是作用力，而其對應的力自然會成為伴隨的反作用力。

✦ 全食物的真實定義？

任何定義都是相對的，以水果種子來看，整顆種子為全食物，但以整顆水果來看，種子就不是全食物了。

✦ 如何看待食物的陰陽？

水果外皮為陽（與生長環境有關，有些是陰），裡面的肉為陰；固體為陽、液體為陰，因此含水量越高越陰；種子目的是成長繁殖，所以為陽（主動、成長為陽），但包在種子外層的膜就會是陰（寒）。

但以薑來講，因為地底下為陰，地面上為陽，所以長在地面下為陰物，要能在陰的環境活下來，表皮為陰（寒），裡面的肉屬性則偏溫熱（陽）。

✦ 與作用力何干？

為了維持力平衡，向外和向內的力須相等，否則水果會裂開或凹陷。

古代人的智慧
SECTION 2

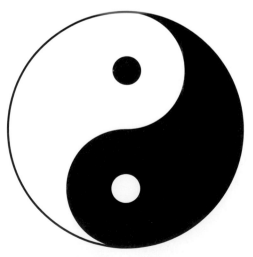

陰中有陽、陽中有陰。

(column.01) 用道家思想看世界

「道生一，一生二，二生三，三生萬物」出自老子的《道德經》第四十二章。道生一，一是無極；一生二，二是陰陽；二生三，三是陰陽配合；三生萬物，萬物是萬事萬物。

道家思想並非是後世誤解的「消極無為」，而是更宏觀、更客觀的世界觀、人生觀。道法自然是道家的核心思想，即是規律產生（效法）於事物自身的發展趨勢（需求）。不要以主觀的態度去看待，因為越在意越適得其反。道家的文化冷靜而客觀。

道家的看法層次已經很高了，但受限於時空與文字語言，比較無法像現在能直接用訊息的概念加以解釋。道家的描述，其實就是訊息降階後成為能量，能量降階後成為物質的過程。因此，道家認為行事要符合「道」，而這個「道」就充滿了想像力。

(column.02) 用訊息論看世界

用現在的說法就是萬物萬事由訊息決定，偏離訊息的原始設定就產生偏性，偏性會產生不舒服或疾病。

而訊息降階的過程要符合能量的理論，能量降階時要符合物質的理論。因此，在中醫的角度就先以簡單的論陰陽的方式來進行。

以訊息論來講，萬物萬事由訊息決定，包含連我們想什麼都是由訊息決定，而這就是目前大部分研究方向得到的結果。

這就是為什麼 Q.S.E. 不是單純調整到平衡這麼簡單，因為平衡尚在源頭訊息的控制下，唯有用等化的邏輯調整到完美，才能跳躍到更高的層次去調整訊息。

就像我們吃全食物只能相對健康，我們注意食物的偏性也是相對健康，只有修正更高層次的訊息定義，才能得到物質界更佳的效果。

本篇主要提出萬事萬物的背後具有無形黑手的觀念，不同理論會有不同描述，像科學界提出的暗能量、暗物質就很類似這種無形黑手。

　　目前我們在調整訊息的過程中，因為能量層與物質層的扭曲（降階的過程），所以會影響最終效果，這中間必須有一定的補償技術，否則在物質界無法得到相對滿意的效果。

　　Q.S.E.在補償技術方面很有心得，但仍算是瞎子摸象的過程，也許透過所有量子空間等化儀用戶的努力，在未來能有更優異的表現！

道家與訊息論的相似之處

道家思想

道 ➡ 無極 ➡ 陰陽 ➡ 陰陽配合 ➡ 萬物，因此認為人行事要符合「道」。

訊息論

訊息 ➡ 能量 ➡ 物質（萬事萬物），因此認為訊息決定一切。

由以上重點整理可知，道家思想及訊息論都肯定萬事萬物的背後，有更高的存在能夠影響萬事萬物的狀態。

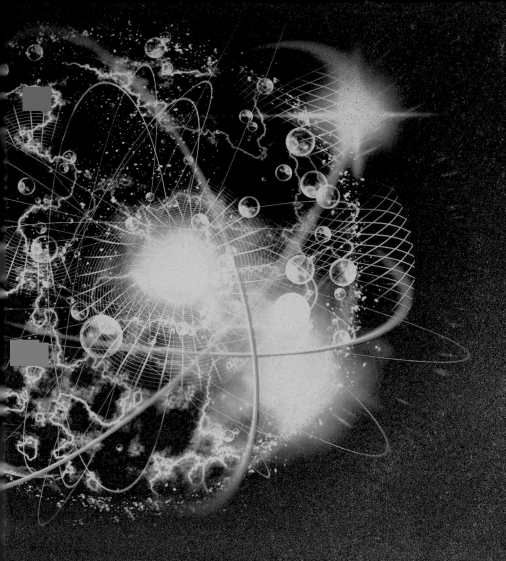

CHAPTER 2

迷信 V.S. 科學

Superstition V.s. Science

地縛靈處理

Haunted Spirit Treatment

我的前大半生，基本上不信神、不信鬼，打從心裡認為那是迷信。

後來因為接觸量子儀器，並且開始進行量子儀器的研發與推廣後，才開始了我的另一段完全不同的人生旅程。

關於地縛靈這個名稱，以下是維基百科所描述的內容：「因戰爭、事故、災害等突發事件，或因為懷有憎恨等情感而死去，無法接受自己的死；又自殺者不知道自己實際上已經死去，而重複自殺的動作。這些靈在擁有『死的自覺』為止，會作為地縛靈停留在當地。」

這個現象在全世界都有，而且各國的說法差異不大。用白話文來講，就是該處變成了鬼屋（如果有建築物），英文一般會稱為 Haunted house。

在看國外一些鬼屋探險的影片中，會使用一些檢測磁場的儀器試著找到異常，大部分都是常規物質性儀器測不出，但人卻可以感受到，這是因為用錯儀器所致。

因為一般所使用的儀器都是檢測物質（電磁波是物質界的產物）的儀器，而神跟鬼都屬於訊息界，自然不容易被驗到。

地縛靈有一個共通性，就是請各種高功能者或大師級的人物都無法處理（包括進行各種宗教儀式），這一延宕可能就是幾10年無法解決。

大家對地縛靈有基本的認識後，我開始來敘述約是6年前發生過的一個真實事件。

真實案例分享

　　我到中國大陸推廣量子儀器時，大部分的情況都沒有人身自由，因為我本身沒有交通工具，所以都是依靠友人或客戶開車載送，愛載我去哪裡，就載我去哪裡。

　　有一次，我的一位廣州儀器客戶稱有人想了解量子儀器，希望我過去解說一下。於是我就被載到一個地方（好像前身是水廠），到當地後，客戶問：「請問這裡有沒有陰性物？」

　　當時我傻眼，什麼叫陰性物呀？而隨同的友人翻譯：「就是你們台灣稱的鬼啦！」這下真是嚇死我了，我這輩子沒碰過鬼。

　　我說：「我不清楚耶？我用儀器驗驗看好了。」於是我馬上編一段自然語言放入療程，並進行問事，內容如下表。

自然語言	大概的讀值
有鬼	0.3
沒有鬼	6.2

　　以問事而言，偏墜小的讀值是答案，因此有鬼。

　　客戶一聽問說：「既然有鬼，量子空間等化儀這麼厲害，可以把鬼移除嗎？」這時我才恍然大悟，原來我今天被下套了（中國大陸用語，表示被人設計）。

　　今天根本不是誰要了解儀器，根本就是載我來免費處理地縛靈，其實依照民俗的方式，這應該要花不少錢？我想原苦主應該也已經花了不少錢，而且還解決不了，因此今天我才會被載來。

到那天為止，我還沒有碰到任何的鬼，自然也沒有用儀器處理過鬼，於是，我就說：「不然我用儀器測測看鬼想不想走好了？」

其實，我的小心機是想，如果測出來鬼不想走，我就能脫身了，於是一樣編一段自然語言放入療程，進行問事，內容如下表。

自然語言	大概的讀值
鬼願意離開	0.2
鬼不願意離開	7.3

天呀！鬼竟然願意離開？這下子，我只好硬著頭皮試著處理。

我先託詞我不會打簡體字（不會打是真的），避免用我的儀器，而改用該客戶自己的儀器（誰叫他要載我來）。

原來這地方是中國大陸一個非常龐大的類宗教組織根據地，主事者為了避災，躲到美國，結果在美國死於車禍。後來靈魂就回到原來的修行處，變成地縛靈。

目前這個道場由大弟子主持，但是處於閒置中（好像已經10餘年了）。據說，這個道場不管是自己經營或想租給別人，都沒有成功過，總是功虧一簣。

常常有人想租，價錢也談好了，也談定在晚上24：00以前支付訂金。但對方總是在23：59打電話稱：「資金不到位，不租了！」並就這樣荒廢10餘年。

大弟子告訴我，他的除魔法力很高，妖怪可以直接用嘴巴吞下去收服。

我問：「那為什麼這個地縛靈不吞掉？」

大弟子回：「因為這是我師父，所以吞不了。」我一聽，滿傻眼的。但既來之，則安之。雖然沒處理過鬼，但就藉這個難得機會練練刀好了。

我請載我去的那位客戶設定好他的電腦與儀器，讓大弟子聽從我的指令來操作電腦。在處理時，現場約有十多人在旁觀，我都不知道他們是哪裡來的，可能是來看熱鬧的。

我問：「你們這裡有拜神嗎？」

大弟子回：「有的。」

我問：「主神是誰？」

大弟子回：「九天玄女娘娘。」於是，我幫大弟子在儀器上開設一個療程，讓他可以在療程裡面，依照我的指令輸入自然語言。

我請大弟子輸入：「恭請九天玄女娘娘下凡，請目前在現場的陰性物跟隨娘娘去修行。」他輸入這段指令後，我讓他按儀器的發射鍵。果然，一大堆的鬼跟著九天玄女娘娘走了，問題是，還有一大堆的鬼沒走。

我問：「你們還有沒有什麼神？」

大弟子回：「有的。」於是，我就陸續下命令請神下凡，把鬼一批一批送走。

在這過程中，那些旁觀的陌生人，有些人被上身了，有哭的、有笑的、有翻跟斗的，基本上現場跟精神病院差不多。有少數幾位在旁邊看呆了，也有人臉上露出不屑的眼神，應該是認為我們都是套好的吧！突然間，還有一些沒走的陰性物，通通消失了！

我問：「你是請了什麼神下來呀？為什麼鬼都嚇跑了？」

大弟子回：「鍾馗。」難怪鬼都嚇跑了，我真是無言呀！

因為物以類聚，一開始有一個地縛靈後，就會吸引附近的陰性物一起過來交流，而其他的陰性物來久了就會常來，甚至就直接留下來不走了。就跟我們看到外面的流浪漢一樣，會有群聚效應。

現在陰性物還沒有全部處理完畢，沒順利送走的部分，以後可能還會再回來重新繼續聚集，那就麻煩了！於是我讓大弟子再下一道命令：「立即奉請九天玄女娘娘在這裡駐守三個月。」

差不多只要三個月內不再聚集起來，這個地方的陽氣應該就能慢慢提升，到時陰性物想再聚集起來，就不會那麼容易。處理完畢後，大弟子跑來跟我閒聊。

大弟子：「林教授，你超級厲害，能跟眾神明的交情這麼老鐵！」

我答：「沒有交情呀，神都是你請下來的，電腦也是你操作的，我只是告訴你怎麼做而已。」

大弟子：「林教授，這應該是我打過的最大戰役，整個黑壓壓的一片！」

我答：「對，真的是很多（我沒告訴他，這也是我第一次處理鬼）。」

大弟子：「林教授，你知道我差一點死了嗎？」

我答：「我知道，你師父想把你帶走！」

大弟子：「是呀！我師父要走之前，告訴我：『好歹也師徒一場，現在我要走了，你是不是要送我一程？』我想這也應該，才剛起心動念，就硬生生被我的護法給壓了下來。我才警覺是師父要把我帶走。」不過，雖然沒有被帶走，也損失了10年功力（被師父給抽走了）。

是呀！在無形界都是比法力的，哪來的仁義道德。都處理完後，那些被上身的旁觀者也逐漸安靜下來，慢慢都恢復了神智。

大弟子問：「前幾天有人想租這個場地，不知道會不會租成（他已經被打擊10幾年了，因此對於有人要租，都已經失去信心）？我於是再用儀器的問事功能幫他問一下，可不可以順利租出去，內容如下表。

自然語言	大概的讀值
場地可以順利出租	0.0
場地無法順利出租	7.2

答案很清楚，可以順利出租了。

一週後，我打電話向他求證，果然場地已經順利租出去了。因此，以迷信的角度來說，假設鬼是假的，那麼10餘年無法順利出租的場地，也不會因為處理了鬼，而改變能夠出租的可能性。

因此，處理好鬼的問題後，現實也能得到改善，這樣才是相對科學的說法。10餘年無法處理的一個事件，在這時正式畫下句號。

2 地縛靈和暫存磁場的差異

另外，針對地縛靈有另一種說法，就是人在往生時，尤其是在驚恐的情況下，腦部會發射一種電波，而這種電波會直接寫入當地的土壤裡（土壤裡有礦物質），這就是地縛靈存在的原因。

而這樣的電波內容都很短，因此才會像無止境循環的錄影帶一樣，一直循環播放。像看到有人往下跳，然後又循環往下跳；或看到日本兵經過，然後日本兵又經過。不會有連續的劇情，而只是短短的影像內容而已。

這也是為什麼透過特異功能的大師都無法處理，因為那根本就不是鬼，只是一種暫存現象。這種循環播放的磁場，對於有些剛好腦波較弱時（運勢低落）的人，就可能會受到影響，而這種影響，也可能造成民間流傳的抓交替說法！事實上，就算人被抓交替死了，此現象一樣不會消失，而是人們誤解而已。

在建築業，遇到有些風水有問題的舊屋，都會採用先拆除舊屋，且不馬上蓋新屋的方式應對，讓土地能曝曬在陽光下一段時間後，才開始蓋新屋。這是有道理的，因為太陽就是最強大的淨化器，能將上面提到的這類暫存磁場清除殆盡。

但曬太陽並非萬靈丹，因為如果寫入土壤的這段磁場太深，而只有表層土壤被曝曬，也是有可能會繼續殘留一些不良訊息磁場在地下。

這類的短暫寫入磁場，其實可以簡單利用量子空間等化儀的訊息淨化功能，搭配大型的延伸檢測板，沿著整個場域繞個幾圈，就能清除得乾乾淨淨，根本就不必用傳統的方法處理。

而本文用儀器去處理的地縛靈，跟這種磁場暫存是不同的狀況，因為可溝通又可互動，這就是真的鬼，而不是單純的暫存磁場。

祖先未入土為安

Ancestors are not Buried

關於入土為安這件事，以下民間的描述內容：「往生的親人總是最讓人掛念，而生者為往生親友做的最後一件事就是讓他們『入土為安』。

『入土為安』的傳統觀念跟中國人的風水觀念息息相關，民俗認為，祖墳僅對繼承其血親關係的直系後代產生影響，對非繼承關係的旁系親人或血親之外的姻親，不產生直接影響，因此它的影響如同一個金字塔架構。由於這個原因，血親關係越近，影響越大，某人的墳墓風水，對其子女影響最大，對子女的下一代較小，再下一代就更小，以此類推，因此三代內（含）影響最大！」

從另一個角度來看，亡者為陰，在世者為陽。因此，人往生後不入土（下葬）是一個雙輸的狀況（在世親人與往生者），而直接受到影響的就是亡者的直系血親。

龍穴是什麼，以及帶給後代子孫的影響

先不管民俗，從量子糾纏的理論來看，祖先與後代具有一定的量子糾纏是肯定的事，就算往生者失去生命，其骨骸仍然與後代息息相關。

由於墳墓用地的稀缺，現在大部分的葬法，都是將先人骸骨燒成骨灰，而燒成骨灰後，先人骨骸就與後代子孫的量子糾纏全部切斷了，因此，骨灰怎麼葬，理論上都跟後代無關了？

如果是這樣，骨灰放置需不需要看方位？如果是套用量子糾纏的理論，是不需要的！且越多代，祖先對越後面的子孫（代數）影響就越小。

2 親人安葬的重要性

有一次我去中國深圳一位客戶的會所進行服務，客戶要我幫他的另一位客戶檢測一下，對方什麼都沒告訴我，我也不知道要幫他測什麼，於是我就按照一般的儀器檢測流程，先進行引入端淨化的檢測。

基本上，做完這個檢測後，受測者的身心靈狀態就可以掌握約六成到七成，依照目測，這位客戶相貌堂堂，只是好像長了很多青春痘。測完之後，我研判是有靈障。

於是我問：「請問父母是否還健在？」

客戶：「父親不在了。」

我問：「請問有順利安葬嗎？」

客戶：「沒有。」

我問：「請問為何沒有安葬？」

客戶：「我們無法決定。」

我問：「是家裡的長輩有意見嗎？」

客戶：「不是。」問到這裡，我就不敢再繼續問了，因為是在中國大陸，有些風俗民情我不懂，我也不想再多介入。

這時，換客戶提問題問我，大概是我測出他有靈障，因此他想讓我解答他心中的疑惑。

在中國大陸，官方不太提倡封建迷信（但私底下民間禁絕不了），因此有些事在檯面上不太會去說。

客戶：「為什麼祖先只搞我，而我其他兄弟姊妹都沒事？」

我答：「依照我過去的經驗，祖先會搞你，有幾個可能。

①搞你是有感覺的（有些人很遲鈍）。
②你比較有能力。
③你可以幫忙解決祖先的事。」

談話到這邊差不多就結束了，我幫不了他，他也滿認同我的講法。

我那位客戶在深圳的會所，隱身在一般的民宅中，會員都是有頭有臉的重要人物，只收會員介紹的客戶，不對外接受一般的陌生客戶。而這些達官顯要，也喜歡去這類的會所，比較不會引人注意。

剛才被我驗出有靈障問題的那位客戶走了之後，我的儀器客戶才告訴我，那位客戶的來歷。原來，那位客戶是天安門事件某高官的兒子。

那位高官在發生事件後就銷聲匿跡了，有沒有過世，我還真的是不清楚，但過世後一直沒有下葬嗎？

坦白講，我還真的有點半信半疑，後來幾年後，台灣的報紙登出此事，我才確定此事是真事。

風傳媒 **新新聞** 新聞▼　評論▼　財經▼　生活▼　下班經濟學▼　支持我們　2022大趨勢

1 0月18日下午一時，前中共中央總書記趙紫陽在逝世14年後，與夫人的骨灰合葬於北京昌平區民間公墓天壽園。趙家子女在經歷多年波折後，終於在父親百歲冥誕之時，遵循了中國「入土為安」的傳統。在此之前，趙的骨灰一直放置在他北京的故居。

[啟動LINE推播] 每日重大新聞通知

BBC中文得到消息，趙家子女在與官方協商後，為順利舉行安葬儀式，做出承諾：僅安排直系後裔參加，以家禮送葬。北京數名原本聽到消息，準備低調參與安葬儀式的趙紫陽仰慕者被限制行動，未能成行。

對於沒有向關心此事的人發葬禮通知，趙紫陽的女兒王雁南向BBC中文轉達，「非常感激大家的關懷，我們今天是以家禮安葬父母，舉行的小儀式是在家庭安寧的氛圍中舉行。同時也是為了履行我們的諾言。敬請大家諒解。」

(column.01) 不下葬會產生的影響

我認同過世後一定要下葬，而不下葬問題會很多，我在推廣量子儀器的過程中，處理了不少這類例子。例如：已故華隆集團創辦人翁明昌，過世38年還沒下葬，在民俗上認為這樣可能會變成「蔭屍」，會禍及後代。

這樣的案例其實不少，像是香蕉大王陳查某更是過世4年後才下葬；

更別説先總統蔣中正和前總統蔣經國，逝世數 10 年至今還沒下葬，因此傳出家中發生爭產、家人多病的狀況。

台灣經營之神王永慶在 2008 年因為心肌梗塞，在紐澤西家中死亡，遺體運回台灣後，又因墓園地目變更施工延宕，隔了 1 年才下葬。

而陳查某 1993 年過世，家中五名子女爭產，其遺體停放在陽明山家中，直到 1997 年才下葬。

前總統蔣經國 1988 年過世，過了 27 年，靈柩仍暫停在桃園頭寮陵寢，還沒下葬；時間再往前推，先總統蔣中正 1975 年過世，靈柩仍暫停在桃園慈湖陵寢。

不過巧合的是，蔣家第三代蔣孝文三兄弟分別死於癌症，得年幾乎不超過半百，以風水民俗的角度來看，有專家認為和沒下葬及「蔭屍」有關，才會禍及子孫，但也有人覺得，只是純屬巧合，聽聽就好。

我是比較傾向，這未免也太巧合了吧！

引入淨化端（01 Intake Clearances）是生物場域程式（Biofield Programs）之下的其中一個副程式。關於設定引入端淨化程式的詳細步驟，請參考上冊的 P.94。

佛曲檢測

Buddhist Song Detection

這是西元2011年應賴賢宗教授（台灣台北大學中文系主任）邀請，所進行的一場關於佛曲禪修的雙盲量子科學實驗。

主要撰文：林子霖講師（鈦生國際股份有限公司總經理）

量子儀器檢驗師：林子霖（Jim Lin）講師—台灣

　　　　　　　　廖育倫（Allen Liew）醫師—香港

　　　　　　　　鄧建林（Ken Deng）博士—中國大陸

受測組：佛曲禪修學員們（匿名）

實驗設計

SECTION 1

　　因為是使用量子儀器，所以一開始就避免產生實驗觀察現象（實驗會因為受測者的觀察，而產生實質的改變），雖然檢測過程不管如何，還是無法完全避免（依照弦論的說法）介入觀察的情形，但至少將之減輕到最低。

　　此次的科學實驗決定採用雙盲的方式來進行，也就是受測者（樣品），不知道何時被檢驗及被誰檢驗，而檢測者也不知道驗的是誰。

　　讓此次參與的志願受測者最無法接受的是，檢測者不在實驗地點，而是在台灣、香港、中國等地，他們無法想像在身上沒有拉線（一般儀器實驗總要牽一些電線在身上），而檢測者又身在外地，檢測者或儀器怎麼能驗到實驗地點的人呢（定位問題）？

　　為了讓此次實驗「盲」的澈底，受測者全部採用匿名，只用代號來進行檢驗。而且為了要「更」盲，檢測者完全不知道實驗地點的地址，而所有的

志願受測者也不知道檢測者人在何處？檢測者除了子霖本身為實驗設計者知情外，其餘檢測者甚至不清楚這是什麼實驗，只知道須在規定的時間，對一些指定樣本（照片）進行檢測，最後將檢驗結果存檔傳回台灣。

因為量子空間等化儀甚為精密，所以儀器操作者如果不夠熟悉，將會導致儀器的讀值誤差會變大。因此這次實驗是在亞洲區內特別選出儀器操作高手（萬中選一），中國大陸有一位，香港有一位，台灣有一位（但實驗前因這位的電腦突然故障，所以由子霖頂替）。

另外，在實驗當天（臨時通知實驗日期）中國代表人剛好到香港出差，因此真正檢驗時，是香港兩位、台灣一位檢測者。

下面是此次實驗的腳本。

活動項目	測試對象		時間點	時間長度	時間總長	備註
靜心 19：00 ～ 19：30	七脈輪暢通度		19：00：00 ～ 19：30：00	30分	30分	與佛菩薩的相應度
	心理取向（喜悅、開朗、愛心、放鬆）					
聆聽 19：30 ～ 20：10	播放佛曲		19：30：00 ～ 19：35：23	5分23秒	5分23秒	佛曲相對應之佛菩薩蒞臨
	測七脈輪暢通度及心理取向	受測者A	19：35：23 ～ 19：40：03	4分40秒	32分40秒	
		受測者B	19：40：03 ～ 19：44：43	4分40秒		
		受測者C	19：44：43 ～ 19：49：23	4分40秒		

活動項目	測試對象	時間點	時間長度	時間總長	備註
聆聽 19：30 ～ 20：10	測七脈輪暢通度及心理取向 受測者D	19：49：23 ～ 19：54：03	4分40秒	32分40秒	
	受測者E	19：54：03 ～ 19：58：43	4分40秒		
	受測者F	19：58：43 ～ 20：03：23	4分40秒		
	受測者H	20：03：23 ～ 20：08：03	4分40秒		
唱持 20：10 ～ 20：45	播放佛曲	20：10：00 ～ 20：15：23	5分23秒	5分23秒	佛曲相對應之佛菩薩蒞臨
	測七脈輪暢通度及心理取向 受測者A	20：15：23 ～ 20：20：03	4分40秒	32分40秒	
	受測者B	20：20：03 ～ 20：24：43	4分40秒		
	受測者C	20：24：43 ～ 20：29：23	4分40秒		
	受測者D	20：29：23 ～ 20：34：03	4分40秒		
	受測者E	20：34：03 ～ 20：38：43	4分40秒		
	受測者F	20：38：43 ～ 20：43：23	4分40秒		

活動項目	測試對象	時間點	時間長度	時間總長	備註
唱持 20：10 ～ 20：45	測七脈輪暢通度及心理取向 受測者H	20：43：23 ～ 20：48：03	4分40秒	32分40秒	

為了避免一些不知名的干擾，因此在整個實驗加測了一些參考數據（菩薩相應度），希望在實驗數據離預設數據太遠時，能從這些額外測得的數據得到一些解答。

也為了避免心理暗示或慣性干擾，受測者的編號並不是按照次序，因此那不是錯誤，是故意這樣編排的。

因為每位受測者的背景及體質都不一樣，所以加測菩薩相應度後，當某人的檢測值與大部分人都不同時，我們想藉著菩薩相應度的檢測數值，來了解是否因為每人對不同菩薩相應度的不同，而會影響聆聽佛曲或是唱持佛曲的效果？

本來準備實驗的佛曲有八首，但與實驗單位反覆討論後，最後只選擇「本師釋迦牟尼佛心咒」一首佛曲，否則整個實驗無法在1天完成，也會造成參與實驗的受測者過度疲勞，進而影響整個實驗的正確性。

而此佛曲所代表的神佛為「本師釋迦牟尼佛」，我們又加驗佛曲代表神佛是否蒞臨此一檢驗值，目的只是想了解聆聽佛曲及唱持佛曲時，與受測者們與神佛的互動為何？

也就是想了解單單只聆聽佛曲時，神佛會不會蒞臨？還是一定要進行佛曲唱持，神佛才會蒞臨現場，與受測者一起互動？

因為量子空間等化儀的檢測原理是利用量子糾纏效應，所以空間距離對於儀器的檢測完全不是問題，只是對於此次參與實驗的樣本（受測者）是一個很新鮮的科學體驗。

由於神佛相關的檢測值在「量子空間等化儀」的資料庫內並無此項目，因此必須先行建立，而建立此新的檢測項目須由儀器資深用戶（必須操作很純熟），透過儀器的 Cold Scan（盲目掃描）功能，才能準確建立所需的等化率值（Rates）。

等化率值（Rates）是放射粒子學說所使用的一種特別數字碼，量子空間等化儀就是使用放射粒子學說（Radionics）所設計發明的儀器，因此等化率值就等於一般人所習稱的檢驗項目。

另外，量子空間等化儀是首部可以自己創建檢驗項目的量子儀器（需要特殊技術及方法）。

(column.01) 實驗進行（受測組情況）

據受測組回報，2011 年 1 月 17 日的實驗，場控培禎（華嚴學術中心祕書）因為上班控制的關係大約晚了 5 分鐘才到。所以大家約晚了 10 多分鐘才真正靜心，因此一開始有些混亂。

另外，由於大家平時都各忙於自身俗事，是特別抽空奉獻出來參與實驗，所以連絡過程出了一些問題。此次實驗主持人賴教授在實驗開始前一週，又剛好受邀至中國大陸講學，這期間又改用新的實驗腳本，同時本來預計要彩排的行程也被迫取消。只好在會場時，約在實驗開始的前 5 分鐘才告訴受測組要如何配合等等。

因此，受測者在搞不太清楚的情況下，進行平時的佛曲聆聽及唱持活動（這是受測組每位都很熟悉的事），這也符合我們原先的實驗原則，就是所有參與者知道越少越好，只要按照平常活動進行就好，我們只是用量子儀器，在遠端觀察佛曲聆聽及唱持活動進行而已。

就在最後大約40分鐘時，音響突然壞了，場地主人說是本來就有時候會壞，實驗未進行前一開始時，據說也是在修理音響開關。另外，整個過程有大約有六、七個人在距離大約二十公尺外的地方一邊看書、一邊觀察（檢測組事後知道，有點擔心此種觀察行為會影響檢測結果）。

(column.02) 實驗進行（檢測組情況）

我負責整個檢測組的協調及相關檢驗項目的文件建立，但因為時間緊迫，所以整個儀器的檢驗程式一直到檢驗日的前1天才完成。所有的檢測者必須事先把我設計的儀器程式安裝在個人的電腦裡，還有先行建立所有樣本（受測者）的獨立檢驗程序，整個準備工作約需1小時。

還有因為各地不同檢測者有不同的個人私事，所以每位檢測者都是屏除萬難，務必要參與此次難得的雙盲科學實驗。

由於此為第一次進行這樣的實驗，大家的經驗都不足，檢測組這邊也出了不少問題。例如：檢測者因為太緊張，不斷流手汗，差點讓實驗無法繼續。當然，這些小插曲阻擋不了我們決定完成實驗的決心。

有一位在台灣的檢測者（檢測者d）因為在檢驗的前一刻，電腦突然故障，只好抱憾退出檢測組。由於少了一位檢測者，所以我（檢測組協調員）立即補上頂替位置。最後三位檢測者a、b、c都有部分的檢測沒有完成，但不影響整個實驗結果的判讀，還算是菩薩有保佑。

(column.03)「量子空間等化儀」之檢測操作流程

① 收集樣本（使用儀器所附專業相機拍全身照片一張）。
② 開啟量子空間等化儀與電腦。
③ 建立受測者基本資料（全盲測試，故無個人資料，以代號稱呼，僅有個人全身照）。
④ 進行個案干擾淨化（執行 Intake Clearance 程式）。

⑤ 量子空間等化儀所在環境淨化（淨化後才能開始檢測）。

⑥ 開始在實驗腳本所設定的時間段，進行各項檢測。

⑦ 等待香港檢測者將測試資料傳回台灣。

⑧ 將量子空間等化儀與電腦關機。

(column.04) 檢測所需材料

① 樣本（受測者的數位相片事先儲存於電腦中）。

② 量子空間等化儀（供電取自電腦之 USB 埠）。

③ 檢測用電腦。

④ 量子空間等化儀與檢測電腦間的 USB 連接線。

⑤ 檢測電腦之電源線。

本實驗研究共計使用十九個等化率值（Rates）項目，其中十一個為「量子空間等化儀」資料庫內的檢測項目，八個為全新自行開發的項目。

量子空間等化儀的讀數是以指數呈現，正常的訊息強度讀數皆介於 90 至 100（低於 90 為低於正常範圍），數值愈高，代表該項訊息所對應的事物愈佳。本次實驗使用的等化率值皆是正值，故關於負值的說明在此略去。

2 量子空間等化儀檢測十四項指數分析結果與討論
SECTION

人體七脈輪為人體能量的聚集中心，也是人類個體身、心、靈健康與否的重要指標。健康者的七脈輪不一定會正常健康，但七脈輪異常的人肯定相對不會健康。而除了肉體健康外，心靈的健康也會影響到所對應的七脈輪暢通與否。

有些肉體的問題，可以藉助脈輪的疏通而得到緩解或改善，而此次實驗使用脈輪來當成指標，是想嘗試了解佛曲的聆聽甚至唱持，會不會影響到人體脈輪的暢通度？

使用量子空間等化儀所驗到的是「訊息」而非「能量」，這是有所差別的，在此先行闡明！

依照東吳大學陳國鎮教授（已故）的定義為：訊息➡能量➡物質，也就是物質是最低層，而訊息是最高層，中間為降階或是升階的過程。由高階降階較容易，但要由低階升為較高階很不容易。人類本身就是物質，而人類活動於物質界，透過修行或是不同修煉法，可以提升自己。因此修行好的人能量一定高，而能量要高到一定程度，才能再升階到訊息層。

3 佛曲禪修的能量音樂的檢測的結果之分析
SECTION

訊息檢測的資料經過匯整及初步統計、分析後，我們需要更精細地觀察在經歷佛曲過程中，樣品個案的身體在過程中的變化情形。由於儀器顯示為指數，為了要顯化其數值的有效意義，我們先將其所有顯示指數經過轉換（標準化成為0～100），再比較每一個樣本在每次經歷佛曲前後測得的差異狀況，其計算公式如下。

① 第一步驟：其公式為：（儀器讀值－90）×100 ／ 10。

② 第二步驟：用標準化過的值，計算在佛曲期間是否有差異的狀況（進步指數），公式為：（後測－前測）／前測×100%。

（column.01） 聆聽與唱持佛曲對人體七脈輪的影響比較

⋯➔ 受測者A的聆聽與唱持佛曲的比較

以受測者A為例：聆聽佛曲前的頂輪暢通度的平均值（三個檢測者之檢測值的平均）為98，而聆聽後的頂輪暢通度的平均值為98.57。以第一步驟先標準化，聆聽前其值為（98 － 90）×100 ／ 10 ＝ 80，而聆聽後其值為（98.57 － 90）×100 ／ 10 ＝ 85.7。進步指數為（85.7 － 80）／

80×100％＝7.125％。而進步最多的是喉輪，聆聽佛曲前的暢通度的平均值（三個檢測者之檢測值的平均）為94.83，而聆聽後的頂輪暢通度的平均值為100。以第一步驟先標準化，聆聽前其值為（94.83 － 90）×100／10＝48.3，而聆聽後其值為（100 － 90）×100／10＝100。進步指數為（100 － 48.3）／48.3×100％＝107.04％。單是聆聽佛曲後，受測者A的所有脈輪的暢通度都得到不同程度的提升。

另外，以下圖表中的橫軸檢測值，項目由左至右都是依序為頂輪、眉心輪、喉輪、心輪、太陽神經叢輪、臍輪、海底輪。

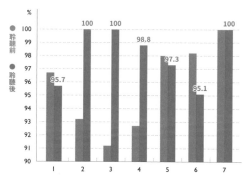

此為檢測者a對受測者A之七脈輪檢測值，是聆聽佛曲前、後的七脈輪暢通度比對表。

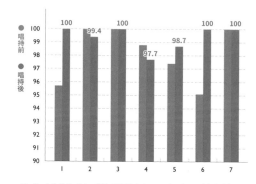

此為檢測者a對受測者A之七脈輪檢測值，是唱持佛曲前、後的七脈輪暢通度比對表。

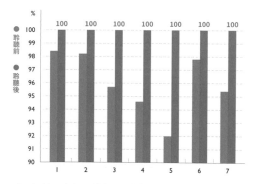

此為檢測者b對受測者A之七脈輪檢測值，是聆聽佛曲前、後的七脈輪暢通度比對表。

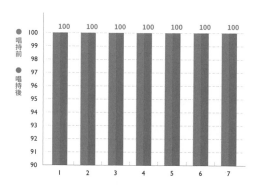

此為檢測者b對受測者A之七脈輪檢測值，是唱持佛曲前、後的七脈輪暢通度比對表。

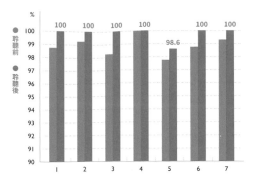

此為檢測者c對受測者A之七脈輪檢測值，是聆聽佛曲前、後的七脈輪暢通度比對表。

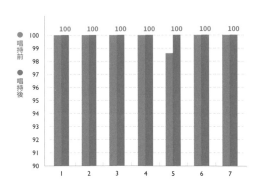

此為檢測者c對受測者A之七脈輪檢測值，是唱持佛曲前、後的七脈輪暢通度比對表。

··· 受測者B的聆聽與唱持佛曲的比較

　　以受測者B來講，單是聆聽佛曲後，受測者B的所有脈輪的暢通度也都同樣得到不同程度的提升。聆聽佛曲前的心輪暢通度的平均值（三個檢測者之檢測值的平均）為94.8，而聆聽後的心輪暢通度的平均值為99.33。以第一步驟先標準化，聆聽前其值為（94.8 － 90）×100 ／ 10 ＝ 48，而聆聽後其值為（99.33 － 90）×100 ／ 10 ＝ 93.3。進步指數亦高達（93.3 － 48）／ 48×100％ ＝ 94.38％。

　　另外，以下圖表中的橫軸檢測值，項目由左至右都是依序為頂輪、眉心輪、喉輪、心輪、太陽神經叢輪、臍輪、海底輪。

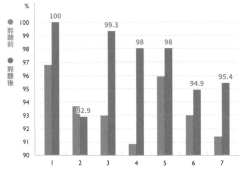

此為檢測者a對受測者B之七脈輪檢測值，是聆聽佛曲前、後的七脈輪暢通度比對表。

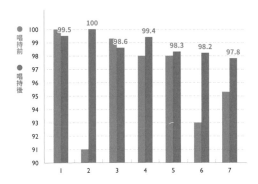

此為檢測者a對受測者B之七脈輪檢測值，是唱持佛曲前、後的七脈輪暢通度比對表。

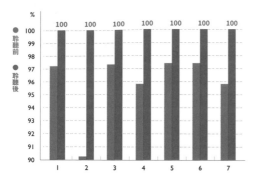

此為檢測者b對受測者B之七脈輪檢測值，是聆聽佛曲前、後的七脈輪暢通度比對表。

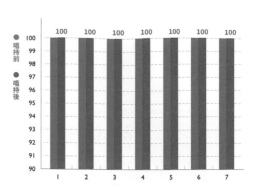

此為檢測者b對受測者B之七脈輪檢測值，是唱持佛曲前、後的七脈輪暢通度比對表。

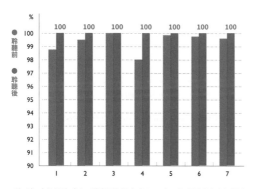

此為檢測者c對受測者B之七脈輪檢測值，是聆聽佛曲前、後的七脈輪暢通度比對表。

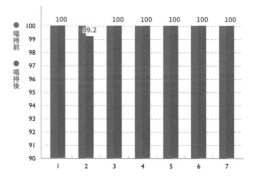

此為檢測者c對受測者B之七脈輪檢測值，是唱持佛曲前、後的七脈輪暢通度比對表。

┅ 受測者C的聆聽與唱持佛曲的比較

以受測者C來講，聆聽佛曲後，其中六輪的暢通度也都同樣得到不同程度的提升，唯有眉心輪下降。聆聽佛曲前的眉心輪暢通度的平均值（三個檢測者之檢測值的平均）為99.5，而聆聽後的心輪暢通度的平均值為99.37。以第一步驟先標準化，聆聽前其值為（99.5 － 90）×100 ／ 10 ＝ 95，而聆聽後其值為（99.37 － 90）×100 ／ 10 ＝ 93.7。進步指數竟是負值（93.7 － 95）／ 95×100％ ＝ － 1.37％，也就是反而退步。此次所聆聽的佛曲為「本師釋迦牟尼佛心咒」，其代表神佛為「本師釋迦牟尼」，

受測者C在所有神佛的相應度測試中，恰好就是「本師釋迦牟尼」的相應度最低，其他神佛都有98.90以上，唯有「本師釋迦牟尼」是97.63（最低）。這其中是否有關聯，留待日後更多的科學實驗來尋找原因？

另外，以下圖表中的橫軸檢測值，項目由左至右都是依序為頂輪、眉心輪、喉輪、心輪、太陽神經叢輪、臍輪、海底輪。

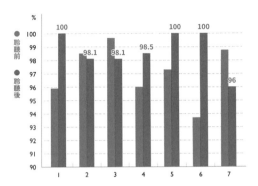

此為檢測者a對受測者C之七脈輪檢測值，是聆聽佛曲前、後的七脈輪暢通度比對表。

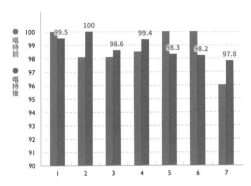

此為檢測者a對受測者C之七脈輪檢測值，是唱持佛曲前、後的七脈輪暢通度比對表。

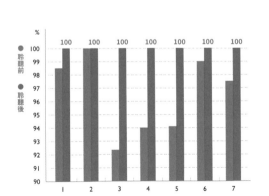

此為檢測者b對受測者C之七脈輪檢測值，是聆聽佛曲前、後的七脈輪暢通度比對表。

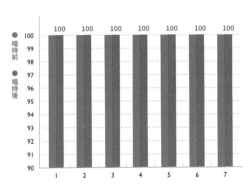

此為檢測者b對受測者C之七脈輪檢測值，是唱持佛曲前、後的七脈輪暢通度比對表。

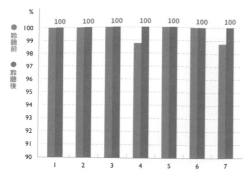

此為檢測者c對受測者C之七脈輪檢測值，是聆聽佛曲前、後的七脈輪暢通度比對表。

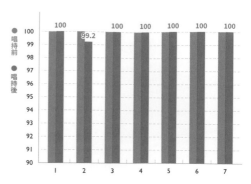

此為檢測者c對受測者C之七脈輪檢測值，是唱持佛曲前、後的七脈輪暢通度比對表。

··→ 受測者D的聆聽與唱持佛曲的比較

以受測者D來講，聆聽佛曲後，其中六輪的暢通度也都同樣得到不同程度的提升，唯有頂輪下降。聆聽佛曲前的頂輪暢通度的平均值（三個檢測者之檢測值的平均）為100，而聆聽後的頂輪暢通度的平均值為99.37。以第一步驟先標準化，聆聽前其值為（100 － 90）×100 ／ 10 ＝ 100，而聆聽後其值為（99.37 － 90）×100 ／ 10 ＝ 93.7。進步指數竟是負值（93.7 － 100）／ 100×100％ ＝ － 6.3％，也就是反而退步。此次所聆聽的佛曲為「本師釋迦牟尼佛心咒」，其代表神佛為「本師釋迦牟尼」，受測者D在所有神佛的相應度測試中，恰好就是「本師釋迦牟尼」的相應度最高，其他神佛最高也都有98.57以上，唯有「本師釋迦牟尼」是99.07（最高）。這其中是否有關聯，留待日後更多的科學實驗來尋找原因？

另外，以下圖表中的橫軸檢測值，項目由左至右都是依序為頂輪、眉心輪、喉輪、心輪、太陽神經叢輪、臍輪、海底輪。（註：檢測者a對受測者D的聆聽佛曲前、後的七脈輪暢通度檢測值資料從缺。）

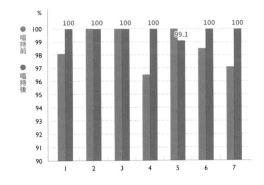

此為檢測者a對受測者D之七脈輪檢測值，是唱持佛曲前、後的七脈輪暢通度比對表。

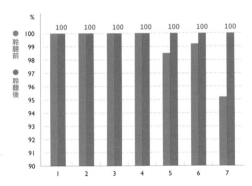

此為檢測者b對受測者D之七脈輪檢測值，是聆聽佛曲前、後的七脈輪暢通度比對表。

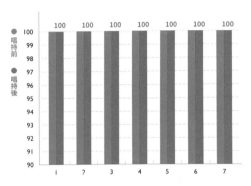

此為檢測者b對受測者D之七脈輪檢測值，是唱持佛曲前、後的七脈輪暢通度比對表。

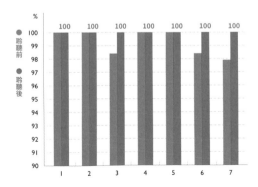

此為檢測者c對受測者D之七脈輪檢測值，是聆聽佛曲前、後的七脈輪暢通度比對表。

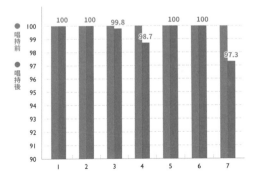

此為檢測者c對受測者D之七脈輪檢測值，是唱持佛曲前、後的七脈輪暢通度比對表。

⋯→ **受測者E的聆聽與唱持佛曲的比較**

以受測者E來講，聆聽佛曲後，其頂輪、太陽神經叢輪、臍輪暢通度反而降低，只有眉心輪、喉輪、心輪、海底輪四輪的暢通度得到不同程度的提升。而受測者E在所有神佛的相應度測試中，是「大願地藏王菩薩」的相應度最高（100），而相應度第二好的是「本師釋迦牟尼」，其相應值也高達99.57。但在神佛相應度這裡，似乎看不出其脈輪變化的關聯？留待日後更多的科學實驗來尋找原因？

另外，以下圖表中的橫軸檢測值，項目由左至右都是依序為頂輪、眉心輪、喉輪、心輪、太陽神經叢輪、臍輪、海底輪。（註：檢測者a對受測者E的聆聽佛曲前、後的七脈輪暢通度檢測值資料從缺。）

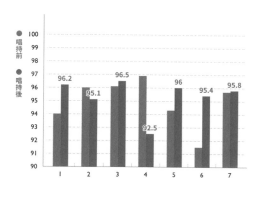

此為檢測者a對受測者E之七脈輪檢測值，是唱持佛曲前、後的七脈輪暢通度比對表。

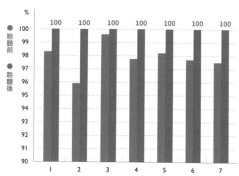

此為檢測者b對受測者E之七脈輪檢測值，是聆聽佛曲前、後的七脈輪暢通度比對表。

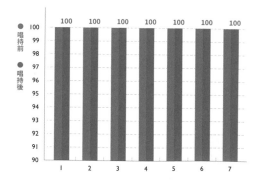

此為檢測者b對受測者E之七脈輪檢測值，是唱持佛曲前、後的七脈輪暢通度比對表。

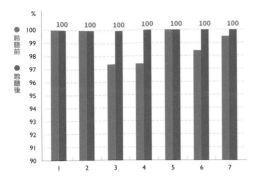

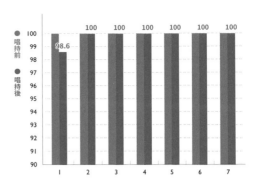

此為檢測者c對受測者E之七脈輪檢測值,是聆聽佛曲前、後的七脈輪暢通度比對表。

此為檢測者c對受測者E之七脈輪檢測值,是唱持佛曲前、後的七脈輪暢通度比對表。

⋯▸ 受測者F的聆聽與唱持佛曲的比較

　　以受測者F來講,聆聽佛曲後,其頂輪、喉輪、心輪暢通度反而降低,只有眉心輪、太陽神經叢輪、臍輪、海底輪四輪的暢通度得到不同程度的提升。而受測者F在所有神佛的相應度測試中,是「大願地藏王菩薩」與「大悲觀世音菩薩」的相應度最高(100),而「本師釋迦牟尼」的相應度是第四好(恰好在中間),其相應值也高達99.55。而其相應度最低的是「阿彌佛陀」,只有96.70,不知道是否有所關聯?留待日後更多的科學實驗來尋找原因?

　　另外,以下圖表中的橫軸檢測值,項目由左至右都是依序為頂輪、眉心輪、喉輪、心輪、太陽神經叢輪、臍輪、海底輪。(註:檢測者a、b對受測者F的聆聽佛曲前、後的七脈輪暢通度檢測值資料都從缺。)

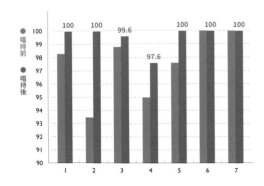

此為檢測者a對受測者F之七脈輪檢測值,是唱持佛曲前、後的七脈輪暢通度比對表。

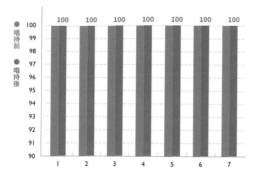

此為檢測者b對受測者F之七脈輪檢測值，是唱持佛曲前、後的七脈輪暢通度比對表。

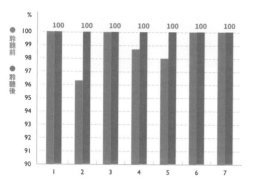

此為檢測者c對受測者F之七脈輪檢測值，是聆聽佛曲前、後的七脈輪暢通度比對表。

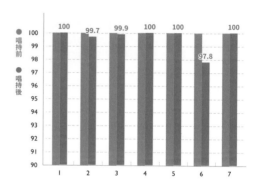

此為檢測者c對受測者F之七脈輪檢測值，是唱持佛曲前、後的七脈輪暢通度比對表。

⋯→ 受測者H的聆聽與唱持佛曲的比較

　　以受測者H來講，因為是排最後一位，所以三位檢測者a、b、c都來不及檢驗，因此無法進行聆聽佛曲前、後的比對。

　　另外，以下圖表中的橫軸檢測值，項目由左至右都是依序為頂輪、眉心輪、喉輪、心輪、太陽神經叢輪、臍輪、海底輪。（註：檢測者a、b、c對受測者H的聆聽佛曲前、後的七脈輪暢通度檢測值資料都從缺；檢測者c對受測者H的唱持佛曲前、後的七脈輪暢通度檢測值資料從缺。）

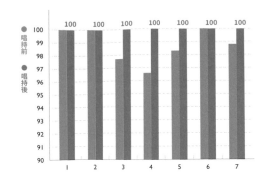

此為檢測者a對受測者C之七脈輪檢測值，是唱持佛曲前、後的七脈輪暢通度比對表。

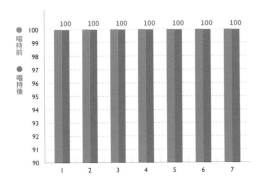

此為檢測者b對受測者C之七脈輪檢測值，是唱持佛曲前、後的七脈輪暢通度比對表。

… 小結論

　　總計七位受測者，一位缺資料，在六位受測者中有兩位之七脈輪暢通度都得到提升（正面幫助），有兩位只有六脈輪得到提升（正面幫助），有兩位只有四脈輪得到提升（正面幫助）。

　　整個聆聽佛曲對人體七脈輪的幫助高達82.28％（整個統計資料尚嫌粗糙，期待下次改進）。

(column.02) 聆聽與唱持佛曲對心理取向方面的影響比較

… 受測者A的聆聽與唱持佛曲的比較

　　在心理取向方面（喜悅、開朗、愛心、放鬆），受測者A在聆聽佛曲後的平均值（三個檢測者之檢測值的平均）都得到不同程度的提升。另外，以下圖表中的橫軸檢測值，項目由左至右都是依序為喜悅、開朗、愛心、放鬆。

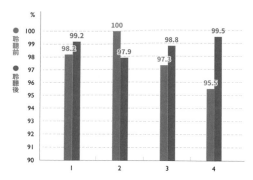

此為檢測者a對受測者A之心理取向檢測值，是聆聽佛曲前、後的心理取向比對表。

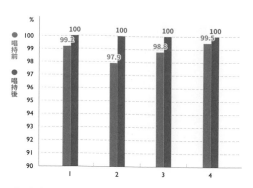

此為檢測者a對受測者A之心理取向檢測值，是唱持佛曲前、後的心理取向比對表。

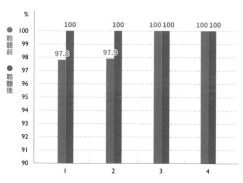

此為檢測者b對受測者A之心理取向檢測值，是聆聽佛曲前、後的心理取向比對表。

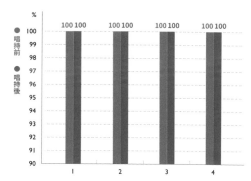

此為檢測者b對受測者A之心理取向檢測值，是唱持佛曲前、後的心理取向比對表。

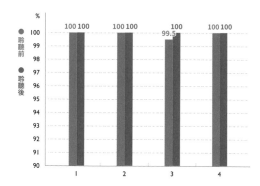

此為檢測者c對受測者A之心理取向檢測值，是聆聽佛曲前、後的心理取向比對表。

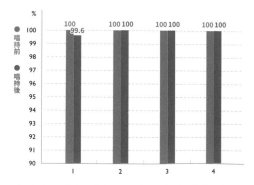

此為檢測者c對受測者A之心理取向檢測值，是唱持佛曲前、後的心理取向比對表。

⋯▶ 受測者 B 的聆聽與唱持佛曲的比較

　　受測者 B 來講，單是聆聽佛曲後，在心理取向方面（喜悅、開朗、愛心、放鬆），在聆聽佛曲後的平均值（三個檢測者之檢測值的平均）都得到不同程度的提升。另外，以下圖表中的橫軸檢測值，項目由左至右都是依序為喜悅、開朗、愛心、放鬆。

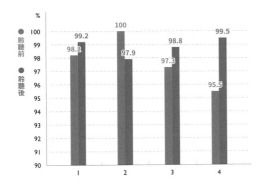

此為檢測者 a 對受測者 B 之心理取向檢測值，是聆聽佛曲前、後的心理取向比對表。

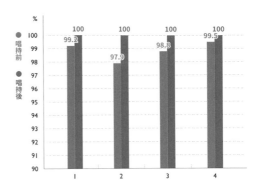

此為檢測者 a 對受測者 B 之心理取向檢測值，是唱持佛曲前、後的心理取向比對表。

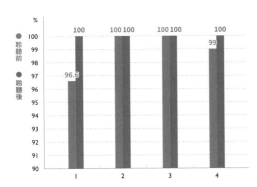

此為檢測者 b 對受測者 B 之心理取向檢測值，是聆聽佛曲前、後的心理取向比對表。

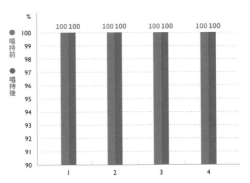

此為檢測者 b 對受測者 B 之心理取向檢測值，是唱持佛曲前、後的心理取向比對表。

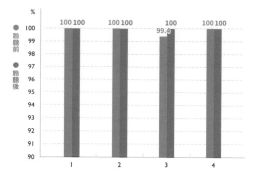

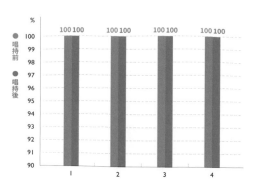

此為檢測者c對受測者B之心理取向檢測值，是聆聽佛曲前、後的心理取向比對表。

此為檢測者c對受測者B之心理取向檢測值，是唱持佛曲前、後的心理取向比對表。

⋯→ 受測者C的聆聽與唱持佛曲的比較

　　以受測者C來講，聆聽佛曲後，在心理取向方面（喜悅、開朗、愛心、放鬆），在聆聽佛曲後的平均值（三個檢測者之檢測值的平均）都得到不同程度的提升。另外，以下圖表中的橫軸檢測值，項目由左至右都是依序為喜悅、開朗、愛心、放鬆。

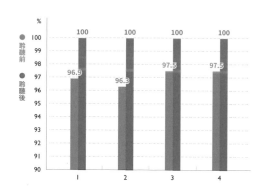

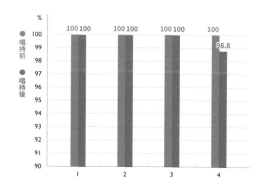

此為檢測者a對受測者C之心理取向檢測值，是聆聽佛曲前、後的心理取向比對表。

此為檢測者a對受測者C之心理取向檢測值，是唱持佛曲前、後的心理取向比對表。

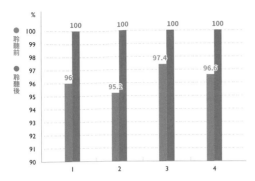

此為檢測者b對受測者C之心理取向檢
測值，是聆聽佛曲前、後的心理取向比
對表。

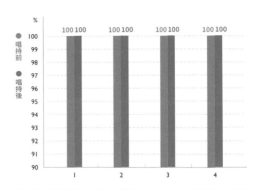

此為檢測者b對受測者C之心理取向檢
測值，是唱持佛曲前、後的心理取向比
對表。

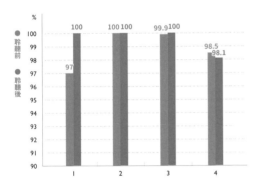

此為檢測者c對受測者C之心理取向檢
測值，是聆聽佛曲前、後的心理取向比
對表。

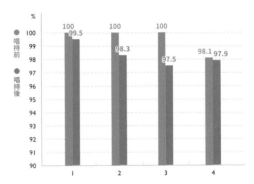

此為檢測者c對受測者C之心理取向檢
測值，是唱持佛曲前、後的心理取向比
對表。

⋯ 受測者D的聆聽與唱持佛曲的比較

　　以受測者D來講，聆聽佛曲後，在心理取向方面（喜悅、開朗、愛心、
放鬆），在聆聽佛曲後的平均值（三個檢測者之檢測值的平均）都得到不
同程度的提升。另外，以下圖表中的橫軸檢測值，項目由左至右都是依序
為喜悅、開朗、愛心、放鬆。

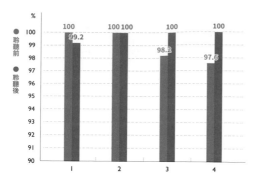

此為檢測者a對受測者D之心理取向檢
測值,是聆聽佛曲前、後的心理取向比
對表。

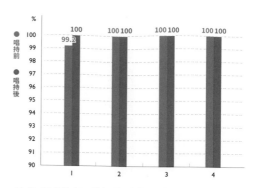

此為檢測者a對受測者D之心理取向檢
測值,是唱持佛曲前、後的心理取向比
對表。

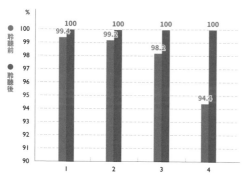

此為檢測者b對受測者D之心理取向檢
測值,是聆聽佛曲前、後的心理取向比
對表。

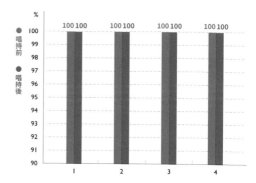

此為檢測者b對受測者D之心理取向檢
測值,是唱持佛曲前、後的心理取向比
對表。

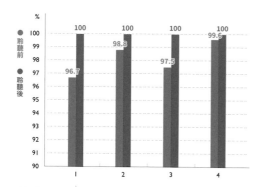

此為檢測者c對受測者D之心理取向檢
測值,是聆聽佛曲前、後的心理取向比
對表。

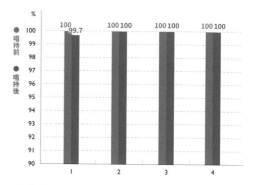

此為檢測者c對受測者D之心理取向檢
測值,是唱持佛曲前、後的心理取向比
對表。

… 受測者E的聆聽與唱持佛曲的比較

　　以受測者E來講，聆聽佛曲後，在心理取向方面（喜悅、開朗、愛心、放鬆），在聆聽佛曲後的平均值（三個檢測者之檢測值的平均）其中喜悅、開朗都得到不同程度的提升，但愛心、放鬆反而降低，留待日後更多的科學實驗來尋找原因？

　　另外，以下圖表中的橫軸檢測值，項目由左至右都是依序為喜悅、開朗、愛心、放鬆。（註：檢測者a對受測者E的聆聽佛曲前、後的心理取向檢測值資料從缺。）

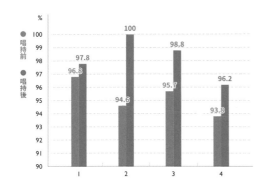

此為檢測者a對受測者E之心理取向檢測值，是唱持佛曲前、後的心理取向比對表。

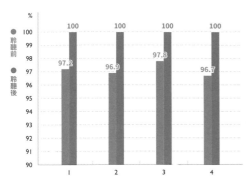

此為檢測者b對受測者E之心理取向檢測值，是聆聽佛曲前、後的心理取向比對表。

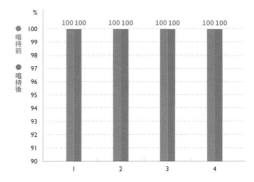

此為檢測者b對受測者E之心理取向檢測值，是唱持佛曲前、後的心理取向比對表。

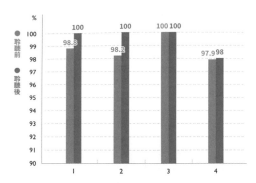

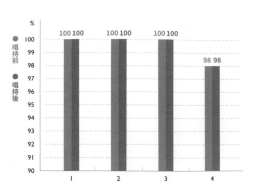

此為檢測者c對受測者E之心理取向檢測值，是聆聽佛曲前、後的心理取向比對表。

此為檢測者c對受測者E之心理取向檢測值，是唱持佛曲前、後的心理取向比對表。

⋯→ 受測者F的聆聽與唱持佛曲的比較

　　以受測者F來講，聆聽佛曲後，在心理取向方面（喜悅、開朗、愛心、放鬆），在聆聽佛曲後的平均值（三個檢測者之檢測值的平均）其中喜悅、愛心都得到不同程度的提升，但開朗、放鬆反而降低，留待日後更多的科學實驗來尋找原因？

　　另外，以下圖表中的橫軸檢測值，項目由左至右都是依序為喜悅、開朗、愛心、放鬆。（註：檢測者a、b對受測者F的聆聽佛曲前、後的心理取向檢測值資料都從缺。）

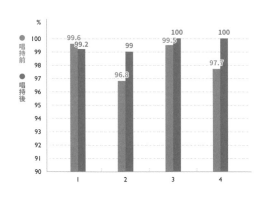

此為檢測者a對受測者F之心理取向檢測值，是唱持佛曲前、後的心理取向比對表。

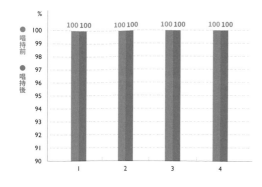

此為檢測者b對受測者F之心理取向檢測值，是唱持佛曲前、後的心理取向比對表。

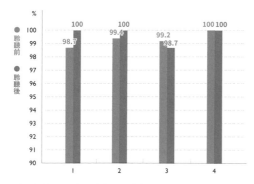

此為檢測者c對受測者F之心理取向檢測值，是聆聽佛曲前、後的心理取向比對表。

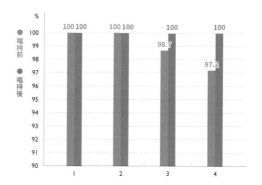

此為檢測者c對受測者F之心理取向檢測值，是唱持佛曲前、後的心理取向比對表。

⋯→ 受測者H的聆聽與唱持佛曲的比較

以受測者H來講，因為是排最後一位，所以三位檢測者a、b、c都來不及檢驗，因此無法進行聆聽佛曲前、後的比對。

另外，以下圖表中的橫軸檢測值，項目由左至右都是依序為喜悅、開朗、愛心、放鬆。（註：檢測者a、b、c對受測者H的聆聽佛曲前、後的心理取向檢測值資料都從缺；檢測者c對受測者H的唱持佛曲前、後的心理取向檢測值資料從缺。）

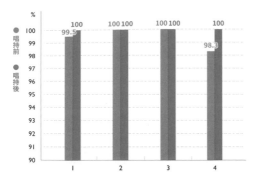

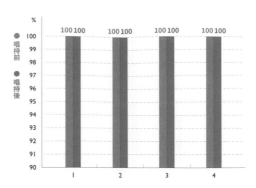

此為檢測者a對受測者H之心理取向檢測值，是唱持佛曲前、後的心理取向比對表。

此為檢測者b對受測者H之心理取向檢測值，是唱持佛曲前、後的心理取向比對表。

···→ 小結論

　　總計七位受測者，一位缺資料，在六位受測者中有四位之心理取向方面（喜悅、開朗、愛心、放鬆）都得到提升（正面幫助），有兩位只有兩項得到提升（正面幫助）。

　　寫到這裡，發現有異常的都是受測者E及受測者F，希望日後有機會可以找出可能的原因？因為這是三位檢測者分別從不同地區，然後針對同樣一位受測者所驗得之平均值，所以檢測者對受試者的影響已經減到很低（但仍不能排除），原因應該是出在受試者的身、心狀態有關？

結論

SECTION

　　本來實驗有設計半衰期檢測（就是佛曲對人體產生影響後，能持續作用多久），但由於受測組與檢測組間的溝通有誤，因此在唱持的部分並未停頓，而是一直進行唱持，所以導致檢測組在後來所驗得的數值都達最高標準100，已經呈現非「常人」的狀態。正常人由於俗世事務干擾，較難使每一脈輪都快接近100，除非有特別修煉或是用特殊方法調整。因此，唱持的部分在此

論文並不加以解釋，只能說佛曲唱持真的對於個體的身、心、靈都有極其正面的幫助。

在整個實驗有特別設計檢測在佛曲聆聽及佛曲唱持中途，佛曲所代表的神佛會不會到場加持或共振（或是都沒有任何高靈會來），想藉此釐清是佛曲聆聽或佛曲唱持，哪一個可能會比較有效？實驗證明，不管在佛曲聆聽或佛曲唱持時，佛曲所代表之「本師釋迦牟尼」確實有蒞臨受測組現場。檢測組使用「量子空間等化儀」的「空間轉移」技術，三位檢測者都同時測到讀值100（確認的意思）。這也說明了，很多繁文縟節其實都是世人自己想像而加諸自身，神佛是慈悲的，並不會因為你沒唱佛曲（只有聽），就不來加持。

此次的實驗結果極其正面，但由於實驗時間及人手有限，在受限制的資源下，已進行最大的利用度。最後，即使一般的西醫治療方式（例如：吃藥）也約有三成的人無效，此次實驗已證明對於人體脈輪的幫助度高達82.28％（超過八成），對於心理取向的幫助就更大了，如能長期練習，相信對於社會上目前越來越多的心理性問題（憂鬱、不快樂、自殺傾向），能有極佳的舒緩效益。

附錄一：實際檢測報告圖表（檢測組）

因為擔心檢測者的狀態會影響受測者，所以我們進行了檢測者本身的檢測，檢測者的資料為檢測者間互測，而互測的兩位檢測者都完全不認識對方（只有我認識全部的檢測者）。

此次實驗不同檢測者間的趨勢差異不大，故此檢測者的檢測資料並未列入實驗參考及比對。下面就是全部檢測者的檢測資料，僅供大家參考。a為林子霖講師，b為鄧建林博士，c為廖育倫醫師。

菩薩相對應度（+100）			
檢測者	a	b	c
大悲觀世音菩薩	99.5	100	100
般若佛母	92.1	90.7	100
大願地藏王菩薩	98.1	94.1	99.5
藥師琉璃光如來	95.1	98	93.7
本師釋迦牟尼	98.3	97.9	98.1
阿彌佛陀	92.5	98.2	98.9
太昊伏羲	91.4	92.9	92.1

七脈輪暢通度（+100）			
檢測者	a	b	c
頂輪	99.6	98.3	99.1
眉心輪	99.3	94.4	98.8
喉輪	100	95.5	100
心輪	100	94.3	99.4
太陽神經叢輪	100	99.2	100
臍輪	100	96.7	99.4
海底輪	100	96.6	100

心理取向（+100）			
檢測者	a	b	c
喜悅	96.4	98.1	100
開朗	99.1	89.1	100
愛心	99.2	100	100
放鬆	93.5	96.8	100

附錄二：測試過程之後的通信討論

SECTION 6

（column.01） 討論一

日期：2011 年 01 月 19 日

提問：廖育倫醫師（自然療法）

回答：林子霖（量子空間等化儀講師）

廖醫師問：「I have forgotten to ask you what are the goodies of those Numbers if we Balance ourself. What should we observe ?」

子霖回答：「此次配合國立台北大學所進行的科學實驗，主要在觀測現象，檢驗為主要目的。因此實驗中所使用的神佛菩薩的等化率值，主要開發用途在於檢驗相應度，也就是與不同神佛的相應度。理論上，相應度越高，越容易與跟神佛溝通（不管自己是否知道），此次實驗有些人同時與不同神佛的相應度高達100，只能表示較偏靈媒體質。

就小弟對宗教的初淺認識，幾乎所有宗教都需要自己經常去親近神（例如：祈禱、念經、膜拜等），去學習神的一切，還有些宗教會有走靈山的活動，這都是提高自己與神明的相應度，但並不是與神相應度高就可以一直得到庇佑，也得看其行為是否符合正道與公平原則。

如果已經確定自己就是要走這條路，提高自己與所信奉的神祇相應度，這就無可厚非，相信幫助亦很大。但前提是必須真正遵行不同神祇的規範，如此才會有事半功倍之效。

與神佛的相應度高，只要起心動念，神佛立至，就不太需要什麼世俗的護身符之類的物品了。因此，我的回答是正面的，但不宜同時提高兩位（含）以上的相應度，因為如此做會發生許多無法預料的現象，小弟並不鼓勵。至於心理取向部分的等化率值，可以直接應用，並無任何問題。」

(column.02) 討論二

日期：2011 年 01 月 19 日
提問：賴賢宗教授（國立台北大學中文系主任）
回答：林子霖（量子空間等化儀講師）

賴教授問：「讓我體會到科學檢測與科學論文進行起來滿花功夫的。」
子霖回答：「這是肯定的，因為我們要的是真正的『科學』，而不是一篇文章。」

賴教授問：「而這只是測了當初構想的三十二分之一（至少四個項目，八首曲子）。」
子霖回答：「有些事只是『起頭』難，接下來只要點滴進行，不用多久必有成果。」

賴教授問：「我想你是否可以單獨測驗某一首曲子的能量與種種情況？」
子霖回答：「人都可以依照自己的想像或是理論來進行一些事，但是否會被認同，那就又是另一件事，因此才會有科學的出現，科學較容易被一般人所接受認同。」

賴教授問：「就像你上次說過測過某個龍穴的土壤。」
子霖回答：「可以這樣做，但並不是每個人可以接受，有些人連風水都不接受，更何況是龍穴之事！」

賴教授問：「我們受測者下次檢測就是約定某1天晚上11點至1點，每個人各在一方依照約定來從事之，當作是修持功課來進行。」

　　子霖回答：「現場無人控制實驗的進行，很不容易準時及確認，就算可以也是自己認為，一旦有突發狀況，會導致實驗失敗。實驗不能碰運氣，必須要實事求是，雖然麻煩一點，但有時反倒是節省時間。

　　像這次檢測組也是問題百出，因為是第一次，所以大家都不熟悉，這種默契是慢慢培養的。這次檢測組因為有我在控制，所以就算是出問題，也不會影響實驗的進行。因此實驗一定要有控制人，就像演戲一定要有導演是一樣的！」

　　賴教授問：「要約時間把大家集合在一起，是很不容易的事！」

　　子霖回答：「這才更顯得實驗的可貴！我自己在檢驗時，就已經發現你們更動了實驗腳本，因為依照原先腳本的設定，不可能是這樣的結果，但是這無妨，有實驗就會有結果。要有什麼果，就必須栽種得當，你們的學員中還有『高人』存在，到時候你們看到報告就知道了！」

(column.03) 討論三

　　日期：2011 年 01 月 22 日

　　提問：賴賢宗教授（國立台北大學中文系主任）

　　回答：林子霖（量子空間等化儀講師）

　　賴教授問：「因為我非大師，每一學員自心自有明師大師，所以我的唱持法是來服務大家，幫助大家找尋心中自性明師也。」

　　子霖回答：「如何幫助？不懂？這在科學的角度比較難去解釋！」

(column.04) 討論四

　　日期：2011 年 01 月 24 日

　　提問：賴賢宗教授（國立台北大學中文系主任）

回答：林子霖（量子空間等化儀講師）

賴教授問：「這些曲譜以佛菩薩聖號與心咒入於曲譜之中，這些佛菩薩聖號與心咒本來就具有高能，佛經已經說過能除無量苦、具備無量功德。」

子霖回答：「我沒有冒犯之意，但這都是自己在講，自己在想喔？仿冒品在物質界有，在靈界也不少見喔！因此，這就是為什麼我要先為菩薩定位，確認我們驗到的是正神，而不是閒雜人等來假冒，同時這也是為什麼要驗神靈是否到現場，目的就是要看你們是否自己唱爽的？

不過這次的實驗明確證明，你們絕對不是唱爽的。不過，我無法背書下一次你們再唱，會不會是唱爽的喔？這就是科學。我想知道要如何唱或是進行，才能保證正神到場加持，但此次我沒有得到這個答案！我一直想幫你們找出一個科學脈絡，而不只是隨便驗一驗而已喔！」

賴教授問：「所以，這些曲譜基本上也都具有高能，而不需要檢測。」

子霖回答：「很抱歉，我無法同意這種論點。」

賴教授問：「現在進行實驗的目的，在於幫助受測者的禪修，因為他們得到一些督導與鼓勵，故能有所進步。」

子霖回答：「不懂！」

賴教授問：「目的也在於幫助子霖的團隊，發展靈性科學儀器幫助禪修團體的用途。」

子霖回答：「是的，我希望我們能具有此項發現。」

賴教授問：「說到在新竹以我佛曲禪修音樂領眾修持，大眾感應到光明、佛菩薩像等禪相的情況。」

子霖回答：「這個我就不予置評了！因為不科學，雖然不科學不代表不存在，但不科學代表無重現度，所以只能自己講爽的。」

日期：2011 年 01 月 29 日

提問：黃培禎（大華嚴寺助理）

回答：林子霖（量子空間等化儀講師）

培禎問：「量子力學不是量化和訴諸可以重複觀察的自然科學常説而已？」

子霖回答：「在量子力學的角度，本來就無法『量化』！但無法量化的東西，世人無法懂，因此就會有方便法，用數學來講就是代數，這只是方便推導，但講的也許都不是真正所代表之實物。」

培禎問：「説明一下『量子空間等化儀』是什麼？其歷史與現況？做過什麼測試？」

子霖回答：「大家在 Google 或 Yahoo 搜尋一下就知道了！」

培禎問：「我很好奇的是，你如何測出我們跟哪位佛菩薩的相應度？」

子霖回答：「用量子空間等化儀測的。」

培禎問：「因我們那天並沒有播那麼多首佛曲。」

子霖回答：「與佛曲無關，隨時可以檢驗你自身而得知。」

培禎問：「另外，般若佛母是指哪尊佛？」

子霖回答：「不知。這是賴教授提供的名號。只要有名字，我們用儀器就驗得到，我們自己不需要認識。」

培禎問：「你説：『相應度指的就是基礎建設，每個人的基礎建設不同，於是對於不同神佛就會不同的相應度。』又説：『並不是多念、多聽、多練，其相應度就會變高的』。」

子霖回答：「我講的這兩點並不矛盾，只是角度的不同。以一位腳有殘疾的人為例，他拼命練打籃球，要成為國手很難，但只要努力夠，也許能練得一手好球。但對於身高 200 公分的人，只要稍微練一下，要成為國手指日可待。這就是基礎建設的不同！知道自己的優勢是很重要的事。」

培禎問：「例如，以我的情況來看，似乎就是『多念、多聽、多練，其相應度就會變高的』（分數較高）。」

子霖回答：「不否認這種現象的存在，但如果遇到真正100％相應的神佛，花一樣時間，100％相應度的絕對會比99.9％相應度的來得好很多。這裡應該再談談另一種情形，就是『感應』的問題。

基本上，我個人會對感應下一個定義，那就是不科學。我個人能感應的東西很多，包括去賭場贏率可高達90％以上，但仍然認為這是不科學的。因此，盡管我會感應，我還是不斷挑戰自己感應的準確度。」

培禎問：「我本身並沒有所謂通靈或陰陽眼的情形。」

子霖回答：「我也沒有。」

培禎問：「我在修法的過程裡，有很多『感應』之事，例如，夏天自己一人在三十八度高溫的鐵皮屋裡拜大悲懺，拜完之後，感覺有一股清涼的水從頭部澆灌遍及全身，但事實上沒有人幫我澆水。」

子霖回答：「如果你是看著溫度計告訴我，我就會相信你！我『不是不相信』你的感覺，而是那是你的感覺，並不是我的。科學就是別人的感覺，但你認為那種感覺是真實無誤的。因為人腦很容易被騙，所以催眠才會存在，而感覺正是人腦控制下的一種現象。」

培禎問：「釋迦牟尼佛，常常是有求必應，例如，我求善知識現前，很快就會遇到，諸如此類的情形。」

子霖回答：「我不否定這種說法，但這與祕密一書有何不同？祕密只要想就行了，都不用求誰，你還要求？這些都是現象，因為科學無法否定它不存在，所以我不會說它不存在。」

培禎問：「照理說，這應該就是我的基礎建設了，本來就存在的相應度，但是你的測量值，顯示我跟觀世音菩薩、阿彌陀佛、釋迦牟尼佛的相應度反而比較低，倒是我過去比較少接觸，而最近開始有機緣接觸的藥師佛、地藏菩薩的數值偏高，因此我說可能跟近期的活動有關。」

子霖回答：「有可能，但也有可能這些都不是，只是相對較高？或許那一天遇到一位冷門的神尊，反而是相對應最高的也說不一定？因為我們現在驗的神尊太少，只能用來參考，科學性還不夠。」

　　培禎問：「還有，前一陣子在修地藏法時，感應到的佛菩薩仍是觀音菩薩及阿彌陀佛。」

　　子霖回答：「這些感應必需要有第三者幫忙對焦，否則都是自己在想像？就像有次與某位一貫道的道親聊天，她說曾在病床上看到觀世音菩薩來救她？

　　我問她：『妳確定嗎？』

　　她說：『這是我親眼所見！』

　　我再問：『妳如何確定她是？』

　　她說：『當然是，我確認是祂。』

　　我說：『可是我覺得不是耶！』

　　她開始猶豫：『是嗎？』

　　我說：『我感覺那是媽祖，並不是觀世音菩薩。她們有點像？妳確認妳看到的嗎？』

　　她說：『咦，那有可能唷，也許是媽祖，反正都是神來救我就是了！』

　　當然，也有可能是我錯了！

　　但原來斬釘截鐵說是觀世音菩薩救她，都經不起我說幾句，就馬上變成媽祖了？這就是不科學！」

　　培禎問：「我提供這些訊息給你，主要是對你所謂的『相應度』有些疑惑，因不知你是如何去評斷。」

　　子霖回答：「我不評斷。由儀器的數字告訴我們。」

　　培禎問：「另外，還有『本尊』的問題，傳統上認為找到自己的本尊，修本尊法。」

　　子霖回答：「自己的師尊很難找，有時同時與不同神明有師徒關係，

其實是滿複雜的。神明又那麼多，全部都給掃一遍，我可能就瘋了，不過，系統會比較簡單，一般來講，很難脫離系統。」

培禎問：「比較容易有成就，是不是跟你所謂的『相應度』、『基礎建設』意思差不多？」

子霖回答：「因為有時師尊會故意不出手，所以此時修本尊法無所得，要先修別的，等機緣到才可修本尊法。有的師尊會在自己的徒弟身上綁上枷鎖，原因很複雜，一時說不清！」

培禎問：「出這些問題，不是故意找你麻煩，我相信你也願意更深入了解佛教在修行方面的情形，以及佛教用語上更深的涵意，以便用科學來解讀這些現象。」

子霖回答：「坦白講，佛法因為流傳很久，我個人覺得有點僵化，有些也被誤傳了，有點可惜！我對佛法沒有研究，你們都是我的前輩。」

檢測受測者與不同神佛相應度的方法

由實驗設計者事先將不同神佛的等化率值找出，並在量子儀器內建立這些神佛各自的等化率值項目。

在實驗時，就選擇神佛的等化項目，並以受測者的照片為檢測樣本，讓檢測者運用檢測旋鈕及沾黏板，以手動檢測的方式，就能分別測出該受測者與不同神佛的相應度數值。

舍利子與龍穴

Bone Remains of a Taoist Master and Dragon's Den

關於舍利子與龍穴這兩個東西，以下為民間的描述內容：「舍利，又作堅固子、舍利子、設利羅，意為屍體或身骨，常指骨灰。其中有的結晶體形色各異。最早指佛陀釋迦牟尼遺體自行火化後遺留的固體物，後來也指高僧（尼）圓寂火化後剩下的骨燼，通常埋葬於塔中。

而風水學說的龍脈是山脈或水脈，至於龍穴就是山脈或水脈中，所蘊藏的脈氣能量最大和能量最集中的位置點。龍穴能量越集中，能量越大，其富貴吉祥也就越大，龍穴的能量越小，則其富貴吉祥也越小，但無論龍穴的能量有多大，都能保證至少達到中等偏上的富貴水平。」

龍穴的說明

以量子糾纏的理論，任何東西透過大火高溫淬鍊後，已經剪斷了訊息與肉體物質間的量子糾纏。白話講，就是舍利子與原來的肉體擁有者已經無關了。因此，對於舍利子可庇蔭後代的功能，理論上已經失去，頂多就只留存緬懷與紀念的用途而已。

而依照我的研究，我傾向龍穴是宇宙好的能量的進出位置，把先人的骨骸埋在龍穴，就會把宇宙好的能量透過量子糾纏，傳遞到有血親關係的後代。而這種傳遞只作用在實體骨骸，已經燒成骨灰者無效。因此，理論上骨灰已不存在先人好壞會影響後代的說法，只是人們繼續延續對實體骨骸的觀念，而沒有更新觀念所致。

在亞洲社會，龍穴的觀念深植於老一輩人的腦海中，目前大部分的華人首富，他們的先人骨骸都是葬在龍穴。曾經有台灣的儀器用戶（他本身是風

水術法的愛好者）去把台灣三大首富的祖墳的土挖回來，用儀器進行檢測後，發現圓滿度都是爆表（10000）。他測量後，覺得高得不像話，才會拿來給我再測一次確認。我還是第一次看到彩色的土，超級漂亮。我使用儀器檢測，圓滿度的讀值也同樣是10000。這就是為什麼祖墳要選龍穴下葬的原因。

而所謂的龍穴就是宇宙能量的進出位置，而且這是好的能量。透過把祖先的骸骨放置在好的宇宙能量進入口，好的宇宙能量就會透過骨骸與後代的量子糾纏效應，同步的傳遞給後代。而這類的宇宙能量傳遞就被民間稱為保佑。

因為龍穴的旁邊很可能就是惡穴（陰陽是共生的），所以幫人葬龍穴的風水師要負責幫客戶尋穴，如果龍穴已經移動，先人的骸骨就得挖起來重葬。當然，尋穴不是免費的，後代要持續付錢給風水師，如果沒付，風水師自然沒有義務去幫忙尋龍穴。

因此，葬龍穴如刀之雙刃，有好的宇宙能量同步傳給後代，如果龍穴移動，不好的宇宙能量同樣會同步傳給後代。這就是為什麼有一句話稱：「富不過三代。」因為三代後，龍穴的位置應該都已經移動了，而後代也都忘了要移動祖墳位置（也有可能是不懂），所以會開始敗亡。

全息波動等化片在風水的應用

風水的派別非常多，每派都有其不同的看法，風水雖然被批為迷信，但許多大老闆們卻都寧可信其有。我自己的看法是，風水有些看法滿科學的（自然也有一些無法用科學解釋），只不過從事者往往無法用科學的方式來自我證明，也有些方法是扭曲了而不自知。

在量子儀器的角度，風水可以透過儀器裡的風水地理程式加以檢測。檢測過後，會有詳盡報告，透過風水手法調整過後，可以再用儀器檢測確認風水的調整是否有效？這樣一來，就讓被批為迷信的風水術法，瞬間變科學了，下面就是我之前進行的關於風水調整的過程。

朋友有一部號稱可以調整風水的儀器（其實應該不算是儀器，頂多就是一個盒子罷了），想拿來讓我用量子空間等化儀（Q.S.E.）檢驗看是否有效，為了有一些比對值，我就把之前介紹過的全息波動等化片拿來當比對組。下圖就是朋友的氣場養生儀（市面上的名字很多，不太清楚正確的稱呼）的照片。

就是這個小小一個金屬盒，只要插電就行了，沒有旋鈕也不能接任何讀取的設備，因此我才說稱之為儀器非常奇怪，就是傻傻的一直插著電就好了。

另外一個參與此次實驗的就是之前介紹過的，來自原來量子空間等化儀（Q.S.E.）原型機的發明者Dr. Willard所設計的全息波動等化片（Local Harmony）。

LOCAL HARMONY
©1994 CHAKRA LTD.

全息波動等化片
（Local Harmony）

而測試風水的地點是選自台北市延吉街的一間有路沖的小咖啡館（至今天為止，已經多次變更承租者）。此一實驗的時間是在西元2011年的4月中旬。總共測了四次，使用咖啡店的店面照片，得到的結果如下。

① 用 Q.S.E. 先驗此咖啡廳目前的風水相關數值。

② 將氣場養生儀放置在咖啡廳且開機（由別處搬到咖啡廳）。

③ 將氣場養生儀關機，且完全搬離咖啡廳。

④ 將全息波動等化片放置在店內，店的正門及後門各放置一片。

下表為檢測的結果。

測量項目	第一次 （原始狀態）	第二次 （氣場養生儀）	第三次 （移除氣場養生儀）	第四次 （等化片）
干擾源A	0	0.3	1.4	0
干擾源B	0.3	0	1.1	0
干擾源C	1.1	0	0.6	0
干擾源D	0	0.5	1.1	0
五行	95	100	100	100
能量平衡	98	100	100	100
移除阻礙1	100	100	97.5	100
移除阻礙2	100	99.3	100	100
移除符咒法術	99.3	98	97.9	100
超低頻干擾1	18.5	1.7	0	0.6
超低頻干擾2	1.7	0.9	0.9	0.4
整體協調度	86.3	100	100	100
環境能量2	100	99	100	100
協調性	100	99.6	100	100
活力度	100	100	98.4	100
完全保護力	99.6	100	100	100
空	99.6	100	100	100
東	96	99.6	98.8	100

大地脈輪 D	100	100	97.7	100
大地脈輪 E	97.7	100	98.8	100
大地脈輪 F	98.8	100	99.7	100
大地脈輪 G	99	100	100	100
光	100	100	99.1	100
地	99.1	100	100	100
消除靈界控制線	100	100	97.9	100
脈輪協調度	97.9	100	100	100
能量不足	0	0.8	0.4	0

其實能檢驗的項目不止這些（詳細請參考 P.154 的量子空間等化儀內所附的程式），但因為項目太多、太詳細，所以就沒有列在上面，上面的表格只列出有問題的項目進行比較。

原來的風水問題透過儀器驗出共有十六項，裝了氣場養生儀之後，減少為十項（少了六項）。看來這部售價五萬台幣的東西，確實有點功效，但一移除氣場養生儀之後，有問題的項目又恢復為十五項，項目雖有不同，但慢慢恢復原狀是符合邏輯的。

移除氣場養生儀後，改放兩片全息波動等化片在店的前門與後門，測試的結果真是跌破眾人的眼鏡，有問題的項目竟然只剩下兩項，而且這兩項的讀值也非常低（幾乎可以忽略）！看來台幣五萬的氣場養生儀完全輸給這薄薄的一張紙，而且又不用插電，再補充說明一下，為了怕能量或是訊息殘留，以上的測試都間隔約一個小時左右。

比較精彩的是「移除符咒法術」這一項，在前三次的檢驗都無法消失，但是全息波動等化片一放，就立即解決了，這是外來的和尚比較會念經嗎？不過想想，外國人設計的東西能達到這樣的效果，還真是超級厲害，又不用插電，也不用花費量子空間等化儀（Q.S.E.）的操作時間。

3 全息波動等化片的其他應用
SECTION

現在我自己對這全息波動等化片越來越有信心，幾乎應用在生活的周遭。例如：我的手提包裡一定會放一片，我的托運行李裡一定會放一片，我所在的空間至少都會有兩片以上。個人經歷是，當行李裡有放全息波動等化片時，比較不會被抽檢到，就算被抽檢到也都沒事（指被沒事找碴）。

在香港時有位客戶告訴我，她大門的密碼鎖有時會接觸不良，因此剛開始時會用Q.S.E.把密碼鎖調一調，調了之後，確實就不會再發生接觸不良的情況。但這只有治標，密碼鎖並沒有真正修好接觸不良的情況，只要一段時間沒調，就又會恢復原狀。

有一次去香港再見到她，她說自從有了全息波動等化片後，就不用再調了，現在密碼鎖都很正常。當然，我知道全息波動等化片並沒有辦法真正治本，但是只要放一片這張薄薄的紙，又不需要插電，就算只能治標，也非常值得！

因為全息波動等化片是用顏色療法的原理設計，所以沒有光線時，就會失效。因此，我已經將它訊息化，而且加以強化後，更名為現在的「方圓無塵一量子貼片」。當變成量子貼片後，就跟是否有光線無關，一直都會有功能。當被稱為迷信的風水術法，透過量子儀器的檢測後，是不是變得比較科學了呢？

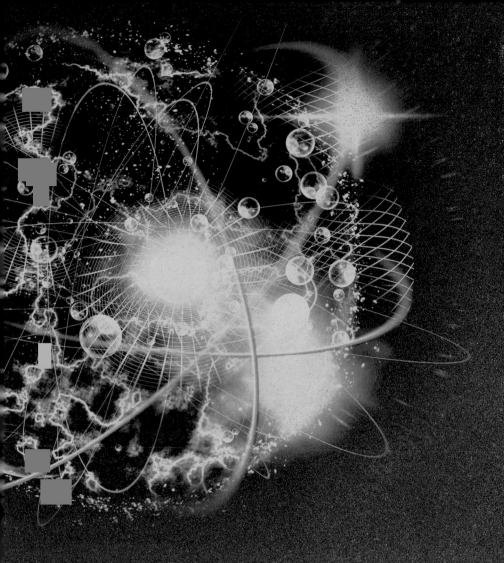

CHAPTER 3

量子農業

Quantum Agriculture

中國大陸量子農業
China's Quantum Agriculture

關於「有機」的定義

SECTION

　　有機食品是指由符合有機農場標準的機構生產的食品。在世界範圍內，有機農場標準不一，但一般來說，有機農場致力於對資源的循環再利用，追求生態平衡，以及對生物多樣性的保護。

　　在有機食品生產的過程中，農藥並非被一律禁用，但某些農藥和肥料可能被禁止使用，例如：含砷、番木鱉的農藥等。

(column.01)　**有機的亂象**

　　在台灣、美國、日本、歐盟，「有機」是需要經過特定機構認證才能使用的標籤，沒有通過認證而自稱有機上架販售是違法行為。

　　但是並沒有一個國際通用的有機食品認證標準，導致現行認證機構組織仍然沒有一套可追溯的標準可依循；因此常常有食品機構錯誤認證的弊端發生。另外，「無毒害殘留產品」亦常在廣義上被認定為「有機食品」。

有機食品、有機農產品等名詞定義說明

SECTION

名詞	說明
有機食品	有機食品是有機產品的一類，有機產品還包括棉、麻、竹、服裝、化妝品、飼料（有機標準包括動物飼料）等「非食

有機食品	品」。中國大陸的有機產品主要包括糧食、蔬菜、水果、畜禽產品（乳蛋肉及相關加工製品）、水產品及調料等。
廣義的有機農產品	不論天然或人工加工合成的碳氫化合物，都可稱為有機化合物或有機質；因此，該類碳氫化合物又稱有機化合物，只要不對人類、動植物、生態，造成危害、毒害、致癌、致畸形等，都可稱為廣義的「良性有機化合物」，農作物利用良性有機化合物作為肥料或農藥栽培管理，包括天然有機肥、人工合成化肥、無毒農藥殺菌劑、殺蟲劑，只要沒有上述危害，都應能定義為有機栽培，生產有機農產品食品。

3 生產有機食品的問題
SECTION

① 雖然種植的地點本身沒有使用農藥、化肥，但是卻可能會遭到附近農田等的農藥及化肥汙染，有時土壤的汙染殘留就是問題。

② 雖然沒有使用農藥及化肥，也沒有遭到汙染，但是該作物本身的代謝物會造成檢驗的假陽性反應。

③ 所謂的有機肥料可能含有化肥，但是如果含量很低，其所生產的「假有機作物」和真的有機作物一樣環保、健康。

④ 有機工法尚未成熟，因此有機作物無法抵擋多樣的作物病害與天然災害。

⑤ 有機作物因為刻意不使用人造化肥與農藥，卻仍須抵抗病害與災害，成本往往更高，產量卻常常更低。

⑥ 檢驗體制尚未健全，許多不肖業者會以平價的非有機作物，冒充成高價位有機作物出售，並謀取不法暴利。

綜合以上的種種因素，我認為唯有降低生產成本及提高產品的品質與產量才是王道。成本跟利潤往往是從事農業的人比較重視的事（只憑一股熱情的人，只是少數），尤其是後者。

慣性農業會成為目前主流，就是因為能維持基本的生存所需，以及技術水平不高，因此若要現有務農人口轉型為有機農戶，單是保障農戶的基本收入就無法達成。而另一個的難點是，因為要學新的農法知識，所以一直無法好好推廣。

因此，過去不管要推廣任何新的農法都不太順利，原因其實只有一個，就是能否保障收入？

而真正的量子農法與一般的新、舊農法的最大差別是，除了收入有保障外，有可能收入更高，且須花費的心血更少。

 在中國北京客戶推動的量子農業實例
SECTION

這位客戶一開始只是單純想從事傳統的有機農業，且知道進行有機農業是辛苦的事，也可能會賠錢！不過公司老闆認為土壤復育及無毒食品是必要的，這是他們這代的使命，也是能留給下一代的資源，因此就算可能賠錢也要做，經過我的溝通與協助，才體會到原來量子農業或許是另外一種可能性。

在客戶的公司合照。

首先，請儀器用戶中的有機農業專家進行有機專業的實際培訓與輔導，並轉介前往美國進行量子農業的參訪與學習培訓。以有機農業的基礎，將實體的有機補充品與有機抑制劑等物質轉為訊息。

培訓花絮。

再來進行訊息與實體同步的栽種測試，然後完全轉成100%的訊息栽種（無實體的補充品與抑制劑）。訊息的灌溉，可用鈦生訊息水機的水做為訊息的載體（可維持較久的訊息穩定性），或是用其他的訊息載體（例如：量子貼片、礦石粉末等）。

用水當訊息載體的問題是，因為水會蒸發，所以可能需要一直補充。因此，用礦石也是一種方法，但是要改訊息配方會比較麻煩。由此可知，選擇何種訊息載體（或混合），是量子農業是否能成功的一個重要因素。

成果發表的前前後後，總共用了超過200部的量子儀器。

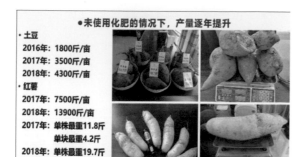

目前的成果，其實整體成本已經低於慣型種植，且種的時間越長，整體成本將會逐年繼續降低。

口感沙面，浓浓土豆香

由於是良好成長狀態，而非慣型種植使用膨大劑，因此農作物的根莖很扎實，且蒸熟後會因為吸收水蒸氣而使表皮裂開。

零農殘——欧盟标准检测：204
项农残、5项重金属均为零检出

好土豆源自好土壤

土壤经过权威第三方检测，土质达到
国家一级土壤水准，相当于自然保护
区的土壤水平。

配合科學檢驗，將普通汙染農田改良至
良田程度。

與當地農業學校建教合作，學生直接到
農田實習。

因為熱愛農業而結緣，進而結為連理，
並孕育下一代。

台灣的室內種植

Indoor Planting in Taiwan

　　日本在經歷過核災後，深深體會到只要土地遭到汙染，即使疾病還未發生，就會先面臨人民的食物短缺問題，以及有農地卻無收成的窘境。因此，日本政府傾全力在室內種植方面，以科技的力量進行不同的種植法。

　　目前市面上，比較常見的是使用LED燈取代陽光，在室內進行水耕種植，其缺點是耗能。而室內水耕法，僅由人類認知提供限制性的養分內容進行灌溉，植物被迫只能吸收這些營養。植物並不是依照自己的認知吸收自己想吸收的養分（人類基本上也認為植物無認知能力）。

　　因此，水耕式農法（無土種植）受到許多農業專家抵制及批評，認為此類蔬菜將會毒害人類。

　　右圖是某科技大學使用光譜照射法，取代一般的LED燈，在室內進行有土機架式種植，耗能只有原用LED照射的三分之一而已；也由於是有土種植，因此通過國家的有機認證（必須有土）。

　　照片中看到的紫光，並不是背景，而是正在使用光譜照射，取代陽光照射。透過電腦的精密計算，會在不同時段進行不同的光譜照射（光的顏色會不同）。

　　為了避免病蟲害，所有土壤都必須事先進行一定的處理，以避免蟲卵藏在土中混進農場（那將會是大災難）。而土壤一旦進入農場後，就不再離開室內農場，且會循環利用。

　　上面的樣本照片，是先使用Q.S.E.儀器進行遠端處理約三個星期左右（每天約處理1小時，每天處理兩次），再收成的小松菜，其中有被量子儀器處理的蔬菜，和其他沒處理過的蔬菜相比，長度明顯多了約30%，而且菜葉顏色呈現深綠，菜味也較濃鬱（最右側蔬菜）。

　　配合實驗的某科技大學教授，感到非常訝異，因為實驗結果完全出乎他的想像之外。照片左側的兩株蔬菜非同樣菜種，只是用來表示未進行量子遠程干預的正常大小與顏色。而右側那株是實際干預後的結果，因為小松菜已經全部變成右側的大小，所以沒有「未干預」的小松菜可進行比對。

　　進行此次農業干預的療程，僅是使用儀器內建的農業相關校正的項目（Agricultural Alignment），並未再編特別針對的農業療程。

　　由於使用Q.S.E.儀器，進行遠端處理是全自動的流程。因此我根本就沒有去理它或是持續觀察檢測，是在科技大學教授打電話給我說：「明天到敝司來討論實驗結果」後，我才真的花時間去進行檢測。

　　我一檢測之下，發現全部的小松菜（驗活力度+9-49就可得知），都已經死亡了，這是非同小可的大事呀！隔天科技大學教授來時，我特別問教授：「你昨天跟我打完電話後，有對植物做什麼事嗎？」

教授：「沒有呀！我只是交代學生把菜給採了而已。」我以前有看過一些文章，內容大概是描述植物有思考能力，也會有痛覺。但那是別人寫的文章，也不知道真假（網路很多假的文章），因此我並沒有當真。

後來，我與一些農業專家請教後，才知道原來植物有意識（當然也有生命），因此小松菜在得知科技大學的教授即將採收時，它們寧願自殺，也不願意被摘採。

因此，後來我們在進行量子農業專案時，在摘採植物前，都會先放音樂或是放佛曲（就是不能放熱門音樂），然後再以迅雷不及掩耳的速度把菜給摘了。

這樣摘採的菜，因為沒有死，所以比較禁得起運輸的時間拖延，不會到蔬菜賣場時，植物本身的狀態就很不佳了！

目前，在農業產品的應用方面，除了讓植物不要自殺外，會在外包裝上貼一張量子貼片，而量子貼片裡面存有保鮮的訊息，就能延長植物產品在市場上的保存期限。

另外，在本書即將完稿之際，鈦生公司推出了綠源杯墊，這是一款專門針對植物的量子杯墊，能提高植物的生存力，甚至能讓植物起死回生。

農業相關校正（04 Agricultural Alignment）是主程式（Main Programs）之下的其中一個副程式。關於農業相關校正程式（04 Agricultural Alignment）之下的副程式詳細清單，請參考P.156-157。

昆蟲與動物防治

Insect and Animal Control

昆蟲非真正害蟲

我一開始跟大部分的人一樣,認為有害蟲會侵擾我們的經濟作物。隨著常識的補充及相關知識的學習,才讓我慢慢地產生想法上的改變。

首先,昆蟲吃我們的經濟作物,有沒有錯?

要討論這個問題前,我們要先自問:「人吃肉有沒有錯,人吃菜有沒有錯?」人從嬰兒時期開始吃東西,身體慢慢成長為大人,中間的功臣就是一大堆食物。

生物為了生存,攝取必要的食物,大部分人應該不會認為有錯?但是任何生物只要碰觸人類為自己準備的食物(包括人自己)時,都會被人類判定有為有害。

因此,我們種的菜,有昆蟲來吃,就會被人類判定為害蟲;我們養的牲畜,被其他生物吃掉或傷害,就會被人類判定為有害生物。

我們所私人擁用的任何東西(其實,人都只是暫時擁有),只要有任何生物來染指,就會被人類判定為有害。

站在昆蟲的角度,肯定不認為自己是害蟲;而站在豬的角度,人也是有害生物。這種因為對立面的不同,而產生不同的觀點,找不到真正的答案。

從另一個角度來觀察,我們發現昆蟲並不是為了生存而吃,而是為了完成任務而吃。因為,同一場域的同一作物,常常發現就是某區的蟲害特別嚴重。

經過一段時間的歸納,以及跟一些農業專家的討論交流下,我們得到一個假說:「昆蟲被賦予了清除不健康植物的任務。只要植物是健康的,一般

來講，昆蟲不太吃。」因此，這世界並沒有害蟲，而是人類種植了一堆不健康的植物，進而吸引了更多的昆蟲來清理。

因此，重點應該不是怎麼殺害蟲，而是如何種植健康的植物才對。

而灑農藥、澆化肥所種出來的植物健康嗎？看有沒有很多的昆蟲來吃就知道了，因此，要種出健康的植物，如果不是用有機種植，就應該是類似自然農法的方式。但如果，天生、天養且完全不管的種植法，所種出的植物就不一定是健康的！

這就是為什麼昆蟲的壽命都不長，因為昆蟲身為清道夫，吃了不健康的植物後，不需要太久，昆蟲就會自動死亡，而昆蟲屍體落於地面回歸自然，成為滋養植物的養分，如此生生不息，自然的設計真是太精妙了！

由此可見，慣行農業的殺蟲方式，只是創造更多的害蟲而已。因為使用慣行農業種出來的植物只是外強中乾，表面好看（多汁、口感好，外型大）但營養明顯不足，是屬於不健康的植物。

而因為植物的不健康，所以才促使大自然產生更多的清道夫（昆蟲），如此惡性循環！那麼會咬人的蚊子呢？我認為也是益蟲。

我有時講課時，會提到蚊子這一點，就是如果你的房間有蚊子時，你把衣服都脫光，讓蚊子隨便叮，就能發現蚊子並不會隨便叮，而是只會叮特定部位，且不管有幾隻蚊子，都只會叮那幾個特定部位，不會亂叮。

如果，你認為蚊子根本亂叮？那是因為蚊子在叮你時，你亂動了，是干擾蚊子的叮咬作業喔！我發現，蚊子的功能是在幫人類排毒。有興趣的讀者，不妨自己也實驗看看？

2 SECTION 在野生動物上的應用

　　除了昆蟲外,在進行有機種植時,戶外的野生動物也會侵擾我們的農地,這部分我倒是沒有觀察到有任何對人類或大自然有助益的部分。

　　之前有位有機農業專家,在台中山上進行有機種植時,就遇到野兔的侵擾。由於台灣地窄人稠,有機種植相對困難很多,而在山上種植會少點干擾。否則,自己不施化肥、不灑農藥,周遭的慣行種植農田所噴灑的農藥或施放的化肥,會透過空氣與地下水蔓延到自己的有機農田,那就會失去有機種植的意義。

　　在山上進行有機種植,可以避免空氣與地下水的干擾,但也不能100%隔離,只能說盡量做囉!

　　上面提的這位有機農業專家,就是遇到野兔會來吃自己有機田的植物,並感到束手無策。於是我用量子空間等化儀內的動物項目,在其農田建立一個場域,讓兔子靠近時會感知到危險,而不敢靠近,這種手法對於大部分的野生動物都有效,但對於已馴化的動物,效果可能不明顯。

這部分在資料庫分類的動物檢測與治療裡面。

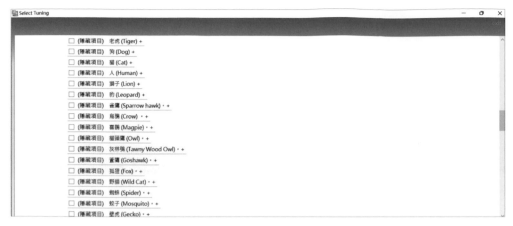

這些資料，就是為了這位農業專家而特別建立。

將農地照片當成樣本照片，然後把上面這些動物的等化項目傳送到這個農田後（建立一個療程，執行療程即可），場域就建立完成了。一般來講，這類的場域約可維持半年，並會隨著人類的進出頻繁度，而逐漸會遭到破壞。不過，破壞後，只要再執行一次相同療程就行了。

療程執行完畢後，野兔果然不再來吃有機田內的植物，而改去吃隔壁農戶的農作物，但要說明的是，這類威嚇的手法，對於鼠類無效，因為鼠類太過聰明，至目前為止，尚騙不過！

關於手動進行療程建立的詳細步驟，請參考上冊的P.132；關於多療程批次執行設定的詳細步驟，請參考上冊的P.145。

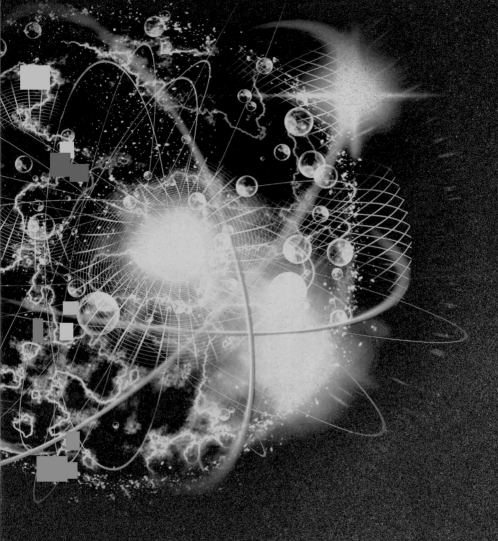

CHAPTER 4

各種可能的量子應用

Various Possible Quantum Applications

金融商品判定

Financial Product Determination

　　這次要做的檢測實驗是股票最佳買入點與最佳賣出點的檢測，而且用儀器測出來後，會果斷真的下場買入與賣出（投入真實金錢），而不是只停留在空想階段，而此實驗是使用量子空間等化儀的自動檢測功能，如下圖所示（圖一）。

選取	序號	檢測日期	註記	描述
☐	243	2016/04/25 18:09		搜尋在　　　　會股票價格　　　　　股票。
☐	242	2016/04/25 17:16		臺灣區上市股票清單 - 光電類
☐	241	2016/04/25 17:01		
☐	240	2016/04/25 16:18		
☐	239	2016/04/25 15:11		
☐	238	2016/04/25 12:41		
☐	229	2016/04/06 12:16		
☐	224	2016/03/30 13:30		
☐	206	2016/02/04 09:45		
☐	200	2016/01/16 11:31		
☐	189	2016/01/10 22:29		

圖一。

　　為了避免有擾亂金融秩序的嫌疑，我將搜尋語法蓋掉，大家自己發揮豐富的想像力吧（也不要問我，因為我不會告訴你怎麼做），下圖是透過儀器測出來的報告部分內容（圖二、圖三、圖四）。

量子空間等化儀 實驗室
Quantum Space Equalizer Lab.
檢測分析表
Analysis Report

報告編號: QSE-2016-0406-00001
日期: 2016/04/06

QSE2016040600001

時間: 17:40

圖二。

東貝	3.2	16/04/06
大立光	5.1	16/04/06
亞光	2.0	16/04/06
愷聲	2.1	16/04/06
佰鴻	0.0	16/04/06
全台	1.1	16/04/06
和鑫	4.7	16/04/06
鈺德	2.0	16/04/06
力特	5.1	16/04/06
華品科	4.3	16/04/06
正達	1.8	16/04/06
奇偶	6.8	16/04/06
新世紀	4.3	16/04/06
玉晶光	2.7	

圖三。

穎台	0.9	16/04/06
新日光	2.0	16/04/06
介面	4.8	16/04/06
艾笛森	2.2	16/04/06
力銘	1.0	16/04/06
洋華	3.6	16/04/06
圓展	2.2	16/04/06
F-TPK	5.7	16/04/06
隆達	7.8	16/04/06
太極	5.9	16/04/06
F-茂林	0.8	16/04/06
嘉彰	3.7	16/04/06
光鋐	1.5	16/04/06

Signed for and on behalf of
O.S.E. Lab.

圖四。

　　找到了，就是隆達（圖四），而以下為實際下場買股票的交易紀錄（圖五），現金買入，花了台幣二十幾萬元。

應付總額:204,540 筆數:2(頁次 1/1)

股名	成交日期	交易別	股數	成交價	
隆達	2016/04/06	現股買進	5,000	15.65	78
隆達	2016/04/06	現股買進	8,000	15.75	12

圖五。

至於，這間隆達公司是做什麼的？我根本就不知道，隔天看一下，這張股票是漲還是跌？

圖六。

漲了一點點（圖六），但不是我事先設定的賣價（這也賺太少了），也不到我設定賣出的日期，因此這段時間我都不動，就是有空就看看，但是不關我的事（勿輕舉妄動）。

到了4月20日，我有好幾天沒看股票，現在設定的時間到了，應該要相信儀器，閉著眼睛就按賣出吧？不，我當然要看一下（圖七）。

隆達 現股賣出 筆數:6(頁次 1/1)		
成交單價	成交股數	成交時間
16.4	3,000	10:13:24
16.4	1,000	10:13:19
16.4	2,000	10:13:03
16.4	5,000	10:12:58
16.4	1,000	10:12:58
16.4	1,000	10:12:58

圖七。

果然，是賺錢的！看一下，兩個星期是賺多少錢（圖八）？扣掉銀行及政府等必要開銷後，212258 － 204540 ＝ 7718。

可用餘額		新臺幣 $217,718
日期	支出/存入	金額
105/04/22	存入	212,258 ＞

圖八。

賺得不多，不過也是錢呀，我只是好玩！為了確定我是否在最佳賣點，而我是4月20日賣出，因此看看21日的收盤價是多少（圖九）？

我雖然不是20日盤中賣出最高價的人，但至少是這幾天的高價了！

達 ✦ 　16.15　 　-0.15

圖九。

這次使用量子空間等化儀配合儀器軟體的自動檢測及問題檢測功能，成功操作股票，純屬運氣好，並不代表各位同好，也能同樣幸運喔！

另外，中國大陸的儀器用戶有把自己感興趣的股票編號，先做成一張圖（圖十），然後再用來全息檢測來檢測股票。而亞盛集團這支股票(圖十一)，確實是漲的。

檢閱問題：搜尋A股市場中下週最高漲幅大于10%的股票。

圖十。　　　　　　　　圖十一。

其他應用

儀器用戶分享的打麻將成果（昨晚真的第一名，使用光明貼與客製財富貼）。

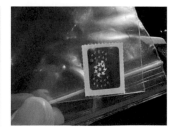

儀器用戶分享購買台灣刮刮樂，中兩張（使用客製財富貼）。

儀器用戶分享購買台灣彩票，中兩張（使用客製財富貼）。

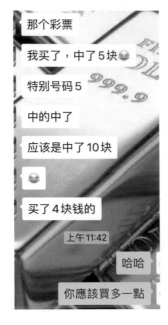

儀器用戶分享購買中國大陸彩票，也中獎了（使用客製財富貼）。

測期貨、測彩票等的邏輯相同，量子空間等化儀提供了許多的不同功能，可以單獨用，也可以組合起來用！成功與否跟使用問題檢測時，所用的自然語言的精準度有關，因此在下自然語言時，建議多方推敲、多嘗試，就會知道該怎麼下命令。

要注意的是，如果用來測彩票，中點小獎沒問題，想中大獎有難度。

我推測的主要原因在於股票為經濟活動，但是彩票為投機行為，而無形高我，不鼓勵把量子儀器使用在投機行為上。

如果只是小玩，也許不傷大雅，但若越來越貪心，就不妙了！

馬桶疏通應用

Toilet Unclog Application

● 本文內容含有不雅圖片，請慎入。

　　我們公司有兩間廁所，有一天中間那間廁所突然阻塞，問遍了公司的人，都沒人承認有丟異物進去？真是奇怪了。公司有一位同事，突然提到一句：「你兒子今天有在公司大便。」

　　「嗯……應該不會是小孩把馬桶搞阻塞了吧？」回家問兒子，兒子說他大完便，馬桶就沖不下去了，他有試過用馬桶的吸盤吸，吸了很久也沒有用！因為公司有兩間廁所，我們就想大便泡泡水，應該會軟化吧？

　　3天後，再加熱水去沖，但不知怎麼回事，就是不會通，這真的是額頭三條線了！最後，只好花台幣一千元，請通馬桶的技師用工具來通。之後，馬桶就一直很暢通。

　　但幾個月後的某天，馬桶又塞住了。問遍公司，大家異口同聲說：「你兒子今天又來大便了。」是這樣嗎？為什麼他在我家大便都沒事？也許是這馬桶有問題吧？我們還是用盡各種方法，馬桶疏通劑都不知道倒了幾罐。3天後，再加熱水去沖，不管怎麼搞，就是不會通。

　　最後，只好又花台幣一千元，請通馬桶的技師用工具來通。這次，我特別問了通馬桶的技師：「是不是我們的馬桶有問題呀？」技師說：「應該不是。」我心想，應該是騙我的吧？這樣你就可以一直來收台幣一千元，哈哈！當然之後，馬桶就一直很暢通。

　　但過了幾個月後的某天，馬桶又塞住了！問遍公司，大家用詭異的笑容異口同聲說：「你兒子今天又來大便了。」我的天呀！趕快規定，我兒子不准再去公司那間廁所大便，要大便請去另外一間。因為公司的另外一間廁所，

我兒子去大便就沒事，只有這間會出事（跟他犯沖）！我相信不用寫，讀者們都知道後來發生什麼事了。沒錯，又花了台幣一千元，請通馬桶的技師用工具來通馬桶，從此，我兒子也有了一個外號叫：Toilet Killer。

運用儀器等化

就這樣經過了幾個月，馬桶又阻塞了，不講也知道發生什麼事，我責問兒子，他說因為太急了，來不及跑到後面那間廁所，我不甘願又要再花台幣一千元，於是心想：「或許可以用量子空間等化儀來通馬桶（有這想法時，我覺得我的瘋病是否又犯了）？」別說不可能，我也不是沒做過瘋狂的事，有看我文章的人，應該知道我是一個瘋狂的人吧（無誤）！因此我決定試試看，先用以下的自然語言來跑療程。

立即軟化馬桶的排水管中的阻塞物。
立即移除造成馬桶阻塞的所有問題。
立即疏通馬桶的排水管。

除了以上三句自然語言外，我還有使用一個專門疏通馬桶的宇宙方程式。搞了一個大療程，跑差不多10小時。隔天，到公司叫兒子去按了一下沖水鍵。嗯，沒通？是嗎？我再沖一次，「唰」一聲，通了！真是美妙的聲音。真的是會被量子空間等化儀搞死，連通馬桶都行！雖然成功了，但我還是要說，這真的太扯了！右圖是馬桶阻塞時的真實照片。

我已經把通馬桶的完整程式，放在量子空間等化儀Q.S.E. 3000型專業版的儀器操作軟體裡了，有興趣的朋友，不妨也玩一下（那也得你家的馬桶塞了才行呀）！

　　這個通馬桶的程式放在量子儀器裡，感覺非常突兀，所有購買儀器的用戶，都會很好奇這個程式真的是通馬桶的嗎？沒錯！真的是通馬桶的……。後來，經過廣大儀器用戶的試用與實驗，發現除了通馬桶外，竟然有以下的可能應用。

　　① 打通任何的不通。

　　② 財運不通。

　　③ 經脈不通。

　　④ 人際關係不通。

　　⑤ 便祕。

　　⑥ 無法排尿。

　　尚有許多新的創意，不斷地在被發現中。

關於手動進行療程建立的詳細步驟，請參考上冊的P.132；關於多療程批次執行設定的詳細步驟，請參考上冊的P.145。

調整門的異音

Adjust the Noise of the Door

　　由於目前的辦公室較為老舊，有個房間的門每次一開都會有很大聲的「ㄍㄧ、ㄍㄚ」異音。一開始我都是加潤滑油，但加了油後只有聲音變小，異音還是存在，而且約只能撐兩天左右，聲音就恢復舊有的音量，連續加了幾次油後，我就乾脆不管它，只得學習與它和平相處（無奈）。

　　經過前幾次的調整經驗後，知道量子空間等化儀（Q.S.E.）對於生物體的調整非常有效。我曾經有閃過幾次念頭，不知道如果用來調這種器質（物體為實質缺損）上的異音，會不會有效？念頭歸念頭，但我沒有採取行動，畢竟自己學科技幾10年了，如果相信這部儀器可以把這種異音調掉（不要講調掉，只要有幫助就可以了），那我可能是精神上有問題了！

　　不過，那門的聲音真的太大了，我很想自己偷偷做，反正每天儀器都要調無數的人，如果在其中夾個調門的療程，好像影響也不大？反正最差的結果就是沒效，只要不跟別人講我用儀器調「門的異音」就好了，沒人會恥笑我。

　　前幾天，我真的做了這個行為，剛開始調了約二個小時，然後很興奮地開了一下門，感覺聲音好像有小了一點點，真的只有很小一點點，但會不會是自己的心理因素錯覺？我不死心，決定跟它拚了，我告訴自己如果再做一次沒有明顯效果，我就會完全放棄！於是這次調了約八個小時，調完後去開了一下門，好像真的有變（比之前的那種些微改變又多了一點點），但由於不是屬於感受較明顯那種改變，因此我決定放棄（也不敢跟任何人提起，就當我沒做就好了）！

　　到了晚上，我去開了一下門，天呀！有耶！異音的感覺變小了，而且變小很多，假設本來的音量是100，現在只剩下約50或是50以下，另外，刺耳

的聲音沒有了。我很難跟各位形容那是什麼感覺？但我真的快瘋了，量子空間等化儀連這也可以調，真的是太扯了！

　　我跟妻子說我調了「門的異音」的行為，只見妻子用很不屑的眼神看了我一眼，然後就走去開門，接著露出很驚訝的眼神說：「連這都能調，太扯了，真的變得很小聲耶！」後來閒聊中，妻子說之前小兒子告訴她：「爸爸在調門耶」，她根本就沒反應過來，可能心想是小孩看錯或是不懂吧，也沒當一回事！現在才知道是真的。（有時候，還真的很難分別到底是誰不懂事？）我才驚覺，原來有時自以為沒人會知道的事，是自欺欺人！

運用儀器等化

SECTION

　　以下開始講述我用量子儀器調整「門的異音」的方法，首先對房門照相，兩面都要照（房裡及房外），然後把三張照片用圖形編輯軟體拼成一張。其實只要兩張照片就好了，只不過因為我覺得原本照的角度不太好，所以又多照了一張。

等化前的三張門照片。

將照片拼好，用儀器等化時，就只針對這張圖片。

因為發出聲音的並不是門，而是上面用來固定門的五金配件，我知道這種五金配件用台語講是什麼，但用中文則不知道叫什麼？這下慘了，不知道叫什麼，要如何讓儀器去幫忙調？

五金配件。

於是我又展現死馬當活馬醫的精神，就把那東西叫門栓（雖然我知道那不是這個名字）吧，管它的！此次使用自然語言等化技術（不然我也不知道，要如何調整這種異音），我只用一句話：「立即去除門栓的異音」。也就是先建立一個新的療程（Session），至於客戶名稱，就叫Door吧！

將量子空間等化儀（Q.S.E.）的檢測旋鈕轉到100後，接著將儀器由檢測模式調為等化模式（BAL，Balance），然後點擊電腦端的「Start」鍵，就開始用科技來處理這一切！後來就發生了前面寫的，一連串覺得很誇張、很扯的驚訝叫聲！經過此次事件後，終於體會到一句話，那就是失敗者往往都是於成功的前一刻放棄，以及因為調非生命體無法像生物體會表現或講話出聲，所以更是需要耐心。

另外，由於是調整非生命體，因此才會混合照片與編修。如果是生物照片，千萬不可以編修或是合併照片，否則有可能會產生嚴重的訊息互滲問題，這就會是大災難了！美國專家曾經將三種不同水果的果樹拍在一張照片裡，再針對這張照片進行訊息干預調整。結果，三棵果樹結出來的水果都不能吃了。

同理可證！如果把三個人拍在同一張照片，而三人分別有糖尿病、高血壓、胃癌，並針對這張照片調整後，將有可能會導致這三人，同時患上糖尿病、高血壓、胃癌這三種病症。因此，在進行量子技術的調整時，一定要注意訊息互滲的可能性風險。

尋找臭味來源

Find the Source of the Bad Smell

因為我家住一樓，所以家裡經常有老鼠跑來跑去。前陣子用量子空間等化儀（Q.S.E.）調了一下老鼠後，一直沒辦法驗證到底有沒有效。雖然調完老鼠後，據家人反應，好像還是有聽到老鼠在跑的聲音，但都無法真正證實（沒有看到老鼠本尊）。

之前去台南德安百貨辦了一場「藍天使－量子亞健康檢測儀」的活動，回到家後，覺得好像有點臭臭的，走到後院時，幾乎臭到快要奪門而出。但由於已經很晚了，只好把後院的抽風機打開，抽了一整晚的臭味後，隔天一樣是臭到不行。

今天我剛好要用量子空間等化儀（Q.S.E.）調整蟑螂（詳見：https://blog.xuite.net/quantumspace/twblog/117661978），調整完蟑螂後，覺得好像臭味變得比較不那麼臭了，但是一樣有臭味存在。

家人不斷討論及搜尋，內容不外乎就是：「那是什麼臭味，以及臭味來自什麼地方等等。」大家一致公認那很像是老鼠屍體的臭味，而且家裡有出現幾隻大蒼蠅，大家直覺認為那是從屍體裡長出來的。

因此，我們全家一直努力在找老鼠的屍體，把一切能搬的東西都搬開來找，最後還想會不會是在加蓋的屋頂夾縫裡？結果還是找不到。

於是只好再求助於量子空間等化儀（Q.S.E.），使用其Cold-Scan的功能。因為確定臭味來自後院，所以就把後院的每個地方照相下來，再利用量子空間等化儀（Q.S.E.）附的掃描光筆掃描照片。

掃描光筆沒有書寫功能，整條長得就像早期傳統電話機線的導線，可以方便拉伸。這枝筆透過儀器啟動時，會發光！

掃描光筆。

我家後院的照片。

運用儀器等化

SECTION

將量子空間等化儀（Q.S.E.）調到掃描模式（SCN），然後用掃描光筆掃描後院照片的每一部分（我是先由左而右，再由上而下掃描），當右手發生沾黏現象時，就是臭味的所在之處。這就是使用沾黏板的操作，是手動的。現在新版儀器軟體，已經有自動掃描功能，不用像我早期只以手動的方式進行掃描。

臭味來源（紅圈處）。

　　檢測後，我先把鐵櫃上面的東西搬走，再把鐵櫃裡面的抽屜及物品移出，並把鐵櫃搬開後，卻找不到任何屍體相關的東西，僅有一些老鼠吃剩的食物包裝及瓜子殼，還有一些老鼠的排泄物而已。

　　難道是量子空間等化儀（Q.S.E.）耍我嗎？再用量子空間等化儀（Q.S.E.）重掃描一遍，此次搜尋的不再是臭味來源，而是任何動物的屍體。掃描完畢後，結果找不到任何動物的屍體。

　　真是傻眼了！我只好半信半疑的把地上那些看起來不會發臭的東西掃乾淨，並讓它通風約三、四個小時後，將一切物品歸位。然後，為了洗刷心裡的陰影（因為沒找到屍體，總覺得臭味會再出來），妻子拿出熏香燈，調製了特殊消臭精油，開始進行熏香除臭。

　　不過坦白說，當我們把櫃子搬開及清掃垃圾後，就覺得那股臭味已經開始消散了。但是，為了保險起見，還是用精油熏了一整晚，以及後來數日不定期的熏了幾次。我只能說：「真是太神奇了！」後來臭味完全消失，而且往後的幾天直到現在，都未曾再聞到過臭味。

　　到目前為止，我還是丈二金剛──摸不著頭腦，不過用量子空間等化儀（Q.S.E.）能精確找出臭源，這倒是很能說服我！但找不到老鼠屍體，依然讓我很介意。

尋找自來水漏水點

Look for Water Leaks Points

　　台灣某知名大學地理系承接了台灣自來水公司的自來水管查漏案件。一般來講，使用地理系的制式理論與方法，能夠找出大部分的漏水點，但仍有漏網之魚或是少數錯誤。該系教授與我聯繫，詢問是否有新的量子技術可以協助？

　　剛好我有研發一個新的全息掃描功能，但是程式設計師還尚未寫到這部分的功能。於是我請程式設計師先把這方面的工作優先順序往前移，把其他工作先放下。這全息掃描功能完成後，就應用在自來水公司的這個案件。經過初步的測試，準確度與大學自己進行的推論結果很類似，以下為測試方法。

準備一張漏水嫌疑區的Google衛星圖的圖片檔。

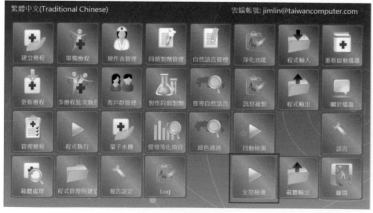

進入儀器軟體主頁後，點擊「全息檢測」。

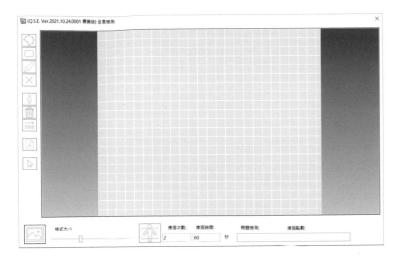

點擊主頁的「全息檢測」後，會出現此視窗畫面。

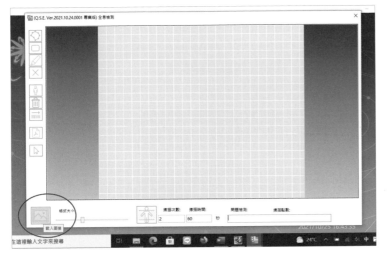

將事先準備好要供掃描的嫌疑區衛星圖，載入至系統內（點擊左下角的載入圖檔）。

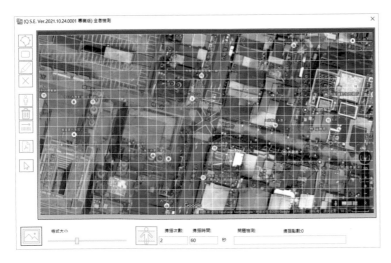

衛星圖載入完成。

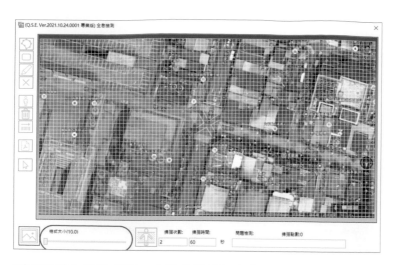

剛開始載入後的畫面，方格子是預設在約三分之一處，而儀器掃描處是在每個格線的十字交叉點。因此格子設得越大，總格數越少，掃描總時間就會較快。但是格子越大，就越容易錯過真正的問題點。因此大部分的情況，我們都會把格子設到最小（格式大小的那個拉桿向左拉到底），掃描時間自然也會最久。

設定完畢後，要在右下角輸入掃描命令（例如：掃描自來水的源頭漏水點。），命令後端的句點是非常重要的，不可以漏掉。中文句型是用「。」來結尾，英文就是用「.」來結尾。此時，掃描命令輸入完畢。

　　接著我們需要再標示，比較精確一點的掃描範圍（若用整張地圖掃，會耗費更多時間），全息掃描功能畫面的左側是設定的部分，簡介如下。

⋯⟶ 自訂多邊區域

　　此功能是用於掃描的區域是不規則狀時，因此要用這個功能慢慢描出想檢測的區域範圍。如果懶得慢慢描，可以直接用下面的矩形區域模式。

⋯⟶ 矩形區域

　　此功能是用於掃描的區域是矩形時。

⋯⟶ 設定單一掃描點

　　此功能是用於一點、一點設定掃描點時，比自訂多邊區域更耗工。

⋯⟶ 刪除一掃描點

　　此功能是用於刪除一個掃描點。刪除絕對不可能的區域，才不會浪費時間在掃描上。

⋯▸ 人像分析範圍

　　此功能是去除人像的背景。按了這個功能，程式會自動去讀取人像範圍並劃定區域。不過，此功能有時不夠精確，因此我比較建議把照片先進行去背處理後，再置入儀器軟體即可。

⋯▸ 刪除人像分析範圍

　　此功能是刪除人像分析所劃定的範圍。

⋯▸ 開始人像分析

　　此功能會自動進行人像分析並去背。但此功能有時不夠精確，因此建議不要使用此功能。

⋯▸ 問題點轉出PDF

　　當全息掃描完畢後，可以透過此功能把掃描結果轉成PDF檔。不過，由於轉成PDF檔後，格線會消失，只留下掃描結果（紅點），反而不容易進行位置

定位。因此，建議掃描完畢後，先把畫面的掃描結果另外截圖保存，這樣才能將格線與紅點（掃描結果）同時保存下來。

→ 離開設定

　　此功能是結束所有左側按鈕的操作狀態的設定。

→ 執行全息檢測

　　當要掃描的範圍設定好後，而掃描命令也寫好了，就可以開始進行全息掃描。

　　上圖的掃描次數，預設值是2，表示共掃描兩次。如果想更精確，可以加大這個數字，掃描時間也會更久。掃描時間預設是60秒，表示每個點如果沒有辦法在60秒內找出共振點，就直接放棄（Timeout）。掃描時間不建議輕易修改，否則可能會導致系統當機，並進入無止盡的迴圈。

　　全息掃描的功能並無限制，可以用在任何用途，只要下的命令是正確的即可。

　　以下為全息掃描在地理方面的可能應用。

① 自來水漏水點檢測。

② 天然氣漏氣點檢測。

③ 各類地下管線檢測。

④ 潛在滑坡點的監控與檢測。

⑤ 颱風或颶風的監控與檢測。

⑥ 天然災害的監控與檢測。

⑦ 地震監控與檢測。

尋人及其他案例

Person Tracing and Other Cases

談到尋人，儀器用戶一定會優先想到要使用全息檢測的功能（圖一）。
（註：關於全息檢測的詳細步驟，請參考 P.209。）

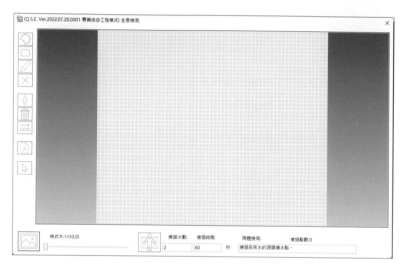

圖一。

 ## 尋人案例分享

有一位儀器用戶的爺爺走失了，於是該用戶在儀器技術討論區裡面發問（圖二）。

圖二。

圖三。　　　　　　　圖四。　　　　　　　圖五。

　　後來，那位爺爺在當天晚上就找到了（圖三、圖四）。但是儀器用戶對全息檢測的功能還不熟，因此驗出很多紅點時，儀器用戶就矇了，以為是儀器出問題，或是自己還不會用，這就是我為什麼回答：「移動中。」（圖五）。

　　因為爺爺患有失智症，所以就騎著摩托車一路向北騎，一直騎到沒有汽油為止，才停了下來。因此，量子空間等化儀的全息掃描早就已經描繪出移動軌跡，但儀器用戶不採信，於是延遲了找到爺爺的時間。而當時掃描所用的樣本圖，就是電子地圖的照片，直接放到全息檢測中，並且在右下角輸入完整的自然語言命令即可。

　　全息檢測功能除了可載入一般的照片進行檢測之外，也可以將文字資訊製作成表格後，再將表格製作成圖片檔，並把表格載入全息檢測功能中，以搜尋任何的人、事、地、物等。

2 其他案例分享
SECTION

···➤ 案例1

　　朋友想結束一段感情,但一直無法順利分手,
最後用量子儀器跑16小時的「男女能量關係索斬斷」,
並在跑完療程後,當天向對方談分手。

　　成功分手後,朋友做了兩次錢母,是輸入「優
質婚姻對象」,並在今早收到好消息,找到新的另
一半了,於是朋友很開心。

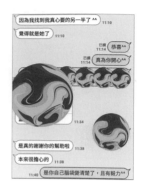

···➤ 案例2

　　我身旁的個案家人,因為失戀很痛苦,跟我聊了好幾次,我一樣用精
簡校正掃出來答案,接著就開始跑療程,加上我用巴赫花精、快樂花精及
脈輪的調整,又給他做了另外一個療程,過程就感覺他好像有淡淡的憂
傷,但沒有像之前這麼痛苦,持續約二個半月,他就找到新的女朋友。

　　因此,在量子儀器的培訓中,我常提到外境都是我們的投射,如果我
們自身有失衡,投射出來的世界就會產生扭曲。在量子儀器應用的過程
中,又次次地確認了這種現象普遍存在。

　　以上兩個案例不是使用全息檢測功能,而是使用自動檢測功能及跑療程。

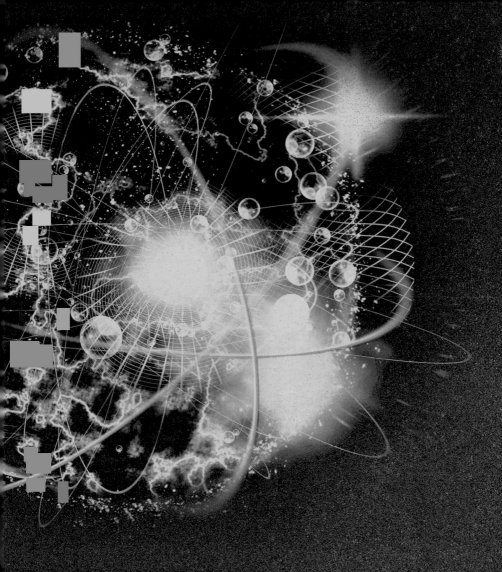

CHAPTER 5

繁星點點計劃

Stars Plan

以 Q.S.E. 為基礎的量子雲端系統

ARTICLE 1

Quantum Cloud Integrated System based on Q.S.E.

目前許多已知的平台系統，早已脫離早期的從零開始研發，而是使用疊床架屋一層一層疊上去的方法。好處自然是節省時間，而且透過針對每一層的問題進行除錯（Debug），也會變得容易很多。

不同系統的架構圖

SECTION

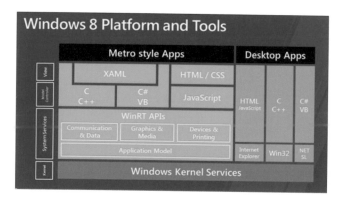

Windows 8的架構圖。

Linux的架構圖。

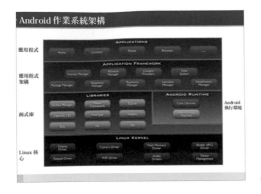

Android作業系統的架構圖。

量子雲端系統的架構圖

由以上Windows 8、Linux、Android作業系統的三個架構圖的例子，就知道目前的量子雲端系統也是採用這類的邏輯架構而成。

虛擬雲端撮合系統

繁星點點用戶　　　　個人用戶

Q.S.E.　　Q.S.E.　　Q.S.E.

左圖的中上側的虛擬雲端撮合系統就是雲端的控制平台軟體，而圖中下側的Q.S.E.就是無數的Q.S.E.量子儀器硬體。硬體配上軟體後，就是目前現行使用的酷比悠量子遊戲平台。

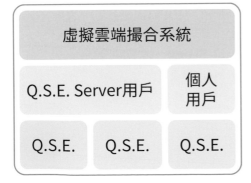

把整個硬體加軟體整合起來，就成為一個模組，而把一個一個的模組給組合起來，就成為平台了。

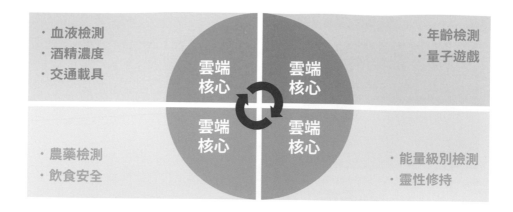

- 血液檢測
- 酒精濃度
- 交通載具

- 年齡檢測
- 量子遊戲

雲端核心　雲端核心

雲端核心　雲端核心

- 農藥檢測
- 飲食安全

- 能量級別檢測
- 靈性修持

　　集中式管理，風險100%，是最差的網路結構，但目前大部分的網路結構都是這樣設計。大部分的雲端系統，只是一個資料庫管理，其中的技術含量並不高。因為這樣的系統最簡單、最省錢！至於點對點（Peer to Peer）主動回報管理，風險低於5%，可以承受各種網路突發狀態，但缺點是，其中的技術含量極高，且這樣的系統需要投入大量的人力及物力，因此很少系統採用這種架構！而量子雲端系統（酷比悠）則是刻意採用點對點的架構，以保障系統的穩定性及降低風險。

雲端用戶　　　　　　　　　Q.S.E.儀器群

酷比悠量子遊戲
虛擬撮合系統

雲端用戶　　　　　　　　　　　　　　　雲端用戶

雲端用戶　　雲端用戶　　　　雲端用戶　　雲端用戶

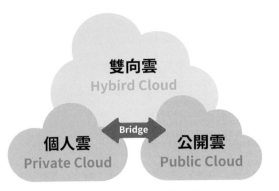

一般的雲端用戶只能存取公開雲的部分，而Q.S.E.儀器用戶則可同時存取個人雲與公開雲的部分。

Q.S.E.療癒雲基礎架構

量子雲端系統及硬體的演變

下面是Q.S.E. Server的第一代（Q.S.E.與電腦分開裝在兩個機箱內）。

下面是Q.S.E. Server的第二代（All in One）。

第二代Q.S.E. Server將電腦與Q.S.E.都縮小裝到同一個機箱內了！整個系統是由台灣獨立研發製作，目前已經發展到第三代（捨棄了Windows）。

酷比悠量子遊戲平台（TQCIS）目前發展現況

The Current Development Status of TQCIS

以下是酷比悠量子遊戲平台（TQCIS）宣言，一定要同意才能開始使用。

　　這是一個匯集全球業餘量子技術的一個實驗平台，裡面所提及的任何項目，皆是以「訊息層次」的表達為主，其中也許有大量與現實物質世界所使用的名詞雷同或相同的用詞，但其本質完全不同。

　　此量子平台是建構在量子空間等化儀（Q.S.E.）的硬體上面（Q.S.E. 自2011年～2022年，推廣超過12年），所有的平台操作背後皆有一部相對應的Q.S.E.在運行著。Q.S.E.的操作運行皆是遠端不接觸式（透過量子糾纏技術），這與目前世界規則是眼見為憑或實際碰觸有極大的差別，也因為全程運作皆是遠端，所以平台內的任何描述皆與保健或治療無關。

　　平台的操作與運行，將以類似遊戲的方式進行，每天會提供所有會員約半小時（每天可能會有些微的差異）的免費試用體驗。任何因為使用本實驗平台後，導致的身、心、靈變化純屬巧合，一概與本平台無關。

　　平台不會給予會員藥物或任何碰觸式的療癒，也不會有任何指導式或暗示式的文字，更不會有任何專員進行實際的拜訪或銷售推廣。

　　本平台僅專注於訊息層面的研究、發展與應用，同意上述宣告後，方能成為本站的免費會員。

平台把原來很嚴肅的事，用玩遊戲的心態來進行。在2019年疫情還未發生前，雲端平台累計不重複的訪客數量約為十幾萬人。到了2021年4月，累計不重複的訪客數量已經累積到一百五十多萬人。

而到了2022年7月，累計不重複的訪客數量已經累積到三百六十八萬多人。

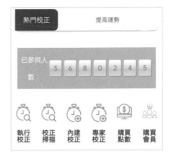

訪客數目不斷地成倍數成長，長期使用的雲端用戶也越來越多。雲端平台一直維持免費使用的狀態，後來在2022年推出付費服務（級別會員），也廣受大家的喜愛。下面就是各個級別及其收費狀況。

在撰寫此書時，由於級別會員的加入者太過踴躍，導致雲端系統大塞車。因此，完稿之時，雲端系統只開放銀級會員的加入，其他金級會員與鑽石會員暫時停止開放加入。

大部分的網路平台都是免費的，例如：Facebook、Twitter、Instagram、Telegram、LINE、WeChat、WhatsApp、YouTube、TikTok等。目前只有YouTube開始在推廣部分收費的會員，其他的社群媒體都還處於單純免費服務的情況（主要是擔心收費會導致會員大量流失）。由於目前網路用戶已經被寵壞了，要談收費越來越難。

因此，像酷比悠量子遊戲平台這樣的新平台，能夠在短期內就踏入收費的服務，而且原來的免費會員反應非常踴躍，系統平台也因為這樣而導致塞車，且塞車嚴重到要停止級別會員的加入，此情況實屬特例！表示酷比悠量子遊戲的平台在約7年的發展中，已廣受許多用戶的認同。酷比悠量子遊戲平台，只是「繁星點點計劃」下的一個子計畫而已。整個「繁星點點計劃」非常龐大，目前整個計畫的執行落實率約只有1%。

右圖為目前酷比悠量子遊戲平台的網站地圖。

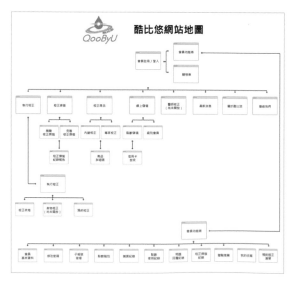

透過酷比悠量子遊戲平台為基礎，再配合 Q.S.E. 與 QBU 就形成一個很全面的療癒系統。QBU 可以藉著 Q.S.E. 編製療程後，以攜帶檔的方式輸入 QBU 裡，也可以透過 QBU 特有的雲端下載模組，從酷比悠量子遊戲平台上直接下載校正到 QBU 裡。酷比悠量子遊戲平台、Q.S.E. 與 QBU 三者的盤根錯結，讓整體的療癒更全面也更方便。

下面就是 2023 年年初會推出的 QBU 量子項鍊相關資料。

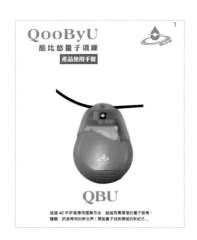

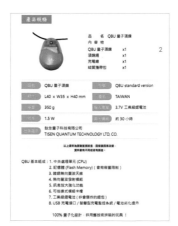

有了 QBU 量子項鍊之後，可透過 QBU 量子項鍊內載的校正進行某單一作業，例如：載入風水調整，QBU 量子項鍊就變身為風水調整器；載入緊緻貼的硬式貼片，QBU 量子項鍊就變身為臉部皮膚拉提的美容調整器等，依此類推。整個組合讓量子技術不再單純只是一部儀器（孤島），而成為一個變幻萬千的量子療癒系統。

當然，也可以把 QBU 量子項鍊拿來當 Q.S.E. 用，但只能執行校正，無法創造設計療程。用 QBU 量子項鍊來當 Q.S.E. 用的好處是不需要使用電腦，而且體積很小，可隨身攜帶。而物質界常問的：「Q.S.E. 與 QBU 量子項鍊的調整效果，哪個比較好？」由於用的無向量波模組（Scalar Wave Module）是相仿的，因此效果差距應該不大。唯一的差別是，Q.S.E. 的無向量波模組（Scalar Wave Module）是美國設計製造，而 QBU 量子項鍊的全部電路設計與製造都是在台灣完成。目前所進行的測試結果，QBU 量子項鍊的無向量波模組（Scalar Wave Module）比 Q.S.E. 的無向量波模組（Scalar Wave Module）略勝一籌。

酷比悠量子遊戲平台（TQCIS）最熱門的校正

TQCIS Hottest Adjusters

　　人們除了解決身體的疼痛外，最想追求的應該是運勢與金錢吧？使用 Q.S.E. 儀器系統所建立的量子雲端平台，在運勢方面有很深的耕耘，也深受用戶的肯定。

雲端系統關於創造財富方面的校正

SECTION

五煞處理 (Five Dark Forces Processing Plan)

評價 ★ ★ ★ ★ ★

⏱ 執行時間　03小時28分

⋯▸ 五煞處理（Five Dark Forces Processing Plan ）

　　五煞處理（所謂五鬼，只是一種古代對於煞氣、邪氣的形容，跟所謂的鬼並無直接關聯，處理後，個人運勢會明顯好轉），同時可以處理民間的犯太歲及慣性的負面信念。

⟶ 業力干擾移除（深層）

　　任何人到這世上皆有業力（藍圖），但因為許多意外的碰撞或是決定，造就了許多的障礙，此處主要為移除沒必要的業力障礙。

⟶ 提高運勢

　　提高運勢。

⟶ 促進生意經營順利

　　促進生意經營順利。

⟶ 提高工作運勢

　　提高工作運勢，快速和諧工作場所的團隊氣氛。

⟶ 找工作專用

　　找工作專用，提高找工作的運勢，以找到心目中適合的工作。

··→ 天上掉錢

　　天上掉錢，指的是會有預期外的收入，一樣必須要努力工作，有做就有機會。把以前的努力幻化成現在的獲利返還給你。

··→ 錢途光明

　　專注提高與錢有關的運勢。必須在其他主客觀因素的配合下，效果才會好。請在執行其他校正改善後（五煞處理、深層業力、提高運勢、天上掉錢等），再執行此校正，以取得最佳效果。

··→ 快速售房

　　快速售房，吸引適當的買家前來。

··→ 快速買房

　　快速買房，讓人能快速買到喜歡的房產。

⋯→ 風水地理調整

　　風水地理調整。

⋯→ 重新開始

　　　一切重新開始，切斷過去的一切糾纏，享有一個新的人生。

雲端系統關於保健方面的校正

2
SECTION

　　量子系統之所以沒有辦法好好推廣開來，主要是效果無法100%重現，而且無法證明遠端療癒是真實存在的。下面這些排除毒素的校正，都可以100%讓被調整的對象放屁，也同時證明了量子療癒確實可行。目前只有Q.S.E.系統可以做到這點，其他的量子系統依然無法證明其量子療癒是存在的！

⋯→ 排除全身的毒素

　　　排除全身的不良毒素（此功能會導致異常的排氣現象，這是一種腸道排毒反應）。

··→ 塑身（Body Slim）

瘦身非減肥，令身材顯出曲線。

··→ 補充膠原蛋白

補充膠原蛋白，減少臉部皺紋。

··→ NMN回春系統（Nicotinamide mononucleotide Rejuvenation system）

　　NMN（菸醯胺單核苷酸）是維生素B3（菸酸）的衍生物之一，也是NAD+生物合成的中間產物，是由磷酸基團和含有核糖和菸醯胺的核苷反應形成的生物活性核苷酸。NAD+是一種重要的輔酶，存在於真核細胞中，是超過五百種酶反應所必需。它在各種生物過程中發揮關鍵作用，包括新陳代謝、衰老、線粒體功能、DNA修復和基因表達。NAD+的缺乏與多種病理生理機制密切相關，包括2型糖尿病、肥胖、心力衰竭、阿茲海默症和腦缺血。

··→ 抗衰老專用補充品

　　抗衰老專用補充品，利用營養和天然化合物改變基因，以達到健康的生活。能調節線粒體DNA轉錄、翻譯和修復基因，使用多種天然成分的混合物來激活，以及支持線粒體逆轉細胞衰老及提高細胞能量。

3 雲端系統關於長照保健方面的校正
SECTION

褥瘡 (化腐生肌用)
評價 ★ ★ ★ ★ ★
⏱ 執行時間 03小時33分
校正使用費：💰 免費

⋯ 褥瘡（化腐生肌用）

　　褥瘡，中醫稱褥瘡為「席瘡」。《外科啟玄》中提到：「席瘡乃久病著床之人，挨擦摩破而成。」久病、大病之後，氣血虛衰，肌膚失養，稍加摩擦即使皮膚潰破、壞死，導致褥瘡發生。氣血虧虛會使瘡色呈淡紅或灰白；若長期受壓，氣血運行不暢，鬱滯化熱，熱盛肉腐，肉腐又成膿，氣血瘀滯，則瘡色紫暗。

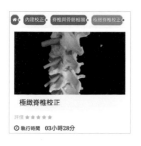

極緻脊椎校正
評價 ★ ★ ★ ★ ★
⏱ 執行時間 03小時28分

⋯ 極緻脊椎校正

　　由下往上開始，循序漸進一節一節往上排列骨節，逐漸達到正常的位置（內含必要的補充品及中藥）。

日本紫雲膏
評價 ★ ★ ★ ★ ★
⏱ 執行時間 07分

⋯ 日本紫雲膏

　　日本紫雲膏（當歸60g、紫草根120g、麻油1000g、蜂蠟340g、豬油20g），潤肌平肉（潤膚、殺菌、消炎、止痛、促進傷口癒合），以肌肉之乾燥、龜裂、潰瘍，以及增殖性之皮膚異常為目標，對於有排膿及搔癢者亦有效。對蚊蟲咬傷、火傷、燙傷、刀傷、青春痘、痔瘡、褥瘡、手腳皸裂、溼疹、疣、凍傷、痱子、外傷、潰瘍等外科疾患皆有效。

⋯ 生肌玉紅膏

生肌玉紅膏（當歸60g、白芷15g、白蠟60g、輕粉12g、甘草36g、紫草6g、血竭12g、麻油500g），有活血去腐、解毒鎮痛、生肌潤膚之功。傳統應用於治療一切瘡瘍潰爛、膿腐不脫、疼痛不止、新肌難生者。

⋯ 前列腺（攝護腺）腫大

男性前列腺（攝護腺）腫大會導致排尿困難，或射精障礙，可用此項目來加以緩解。

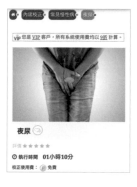

⋯ 夜尿

正常情況下，人體會自動在睡眠狀態下抑制尿意，但有些人抑制尿意的功能不彰，可用此來減少夜尿現象。

⋯ 強力化痰

針對各種喉頭痰液過多情況，無法在短時間處理時，可嘗試用此校正，立即壓制下來。

4 雲端系統關於靈性方面的校正

食光辟穀 (實驗中,風險用者自負)
評價 ★★★★★
⊙ 執行時間 02小時23分

┄┈→ 食光辟穀(實驗中,風險用者自負)

　　以光為能量,活化松果體,達到不食或少食的目標。

在 LUCY 電影中的 CPH4,不存在於現實的一種提高腦部利用率的藥 (實驗中,有極大的風險)。

┄┈→ 在LUCY電影中的CPH4,不存在於現實的一種提高腦部利用率的藥(實驗中,有極大的風險)

　　CPH4 是不存在於現實世界的一種提高腦部利用率的藥,從中醫角度為調理後天之本(實驗中,有極大的風險)。

開悟必備
評價 ★★★★★
⊙ 執行時間 01小時38分

┄┈→ 開悟必備

　　左右腦平衡為開悟的必要條件,但左右腦平衡後,並不代表就能開悟,因此若要開悟,仍需要進行必要的努力(有可能會降低行動力,不想奮鬥)。

宇宙藏經閣
評價 ★★★★★

┄┈→ 宇宙藏經閣

　　宇宙藏經閣,直通宇宙巨大圖書館,開智慧用(請小心使用,不保證效果)。

⋯ 男女關係能量索斬斷

　　男女關係能量索斬斷（男女一旦發生性關係後，不論是否合法），即開始共享業力（產生業力糾纏），如果沒有立即切斷，會影響彼此運勢。

⋯ 想死（無求生意志）

　　想死（無求生意志），是有些重病者的常見現象，而有些是靈魂想走而致病。

5 專家校正

SECTION

　　除了內建校正外，雲端已經有數不盡的專家校正，是來自全球Q.S.E.儀器用戶所上傳的專家校正，正不斷的豐富雲端系統。

酷比悠量子遊戲平台（TQCIS）未來的發展

Future Development of TQCIS

　　我於西元2015年開始籌備酷比悠量子遊戲平台，在西元2017年，Q.S.E. Server研發製作完畢，由一群Q.S.E.儀器同好開始認購後，加入整個大平台。整個平台是由大眾一起架構起來的，並沒有什麼金主或投資者，只憑藉著相同的熱情與理想，架設一個純民間的量子系統平台。每位Q.S.E. Server的擁有者，具有100%的控制權，可以隨時決定是否參與公開平台，或獨立運作。每部Q.S.E. Server就等於十部Q.S.E. 3000型（量子空間等化儀），可以串聯使用，也可獨立操作。

　　因為我是推廣網路起家的人，自然很清楚網路的優點與缺點，在方便之餘，也可能在未來帶來不可逆的後果。所以，這個量子平台並沒有跟大部分的平台一樣採用集中式管理，而是採用少見的Peer to Peer（點對點系統）系統結構。這種系統最大的問題在於成本高昂及管理不易。整個量子雲端平台試營運至今已經5年，經過不斷的優化系統，平台訪客已由原來的幾千人次，到目前9月的四百多萬人次，成長頗為快速，如右圖所示。

　　在同年2022年7月，累計不重複的訪客數量才剛累積到三百六十八萬多人次，如右圖所示。

也就是兩個月的期間，在沒有任何廣告及促銷下，訪客多了約三十幾萬人次。量子雲端系統逐漸地深入生活，成為許多用戶每天必跑的系統。

 ## 網路的快速發展

早在40年前，我剛開始推廣網路時，就已經勾勒出未來網路的可能發展。當然，有一大部分人都不相信，認為我們這群人只會做夢。包括推廣網路的參與人員也進進出出替換不斷，早期的先進有很多已經改行，反而真正有留下來的，都是中後期才加入的人。凡事起頭難，剛開始什麼都沒有，連建構的資源都不齊備，到中後期許多資源陸續到位，這時的耕耘容易有成果收穫，自然參與者容易存活下來。

網路經過40多年的發展，整個世界都因網路而變，上網由原來的業餘活動變成主流。每個人都因為網路而受益，也因為網路而帶來了許多的困擾。原來的單機電腦跟聯網的電腦差距在哪裡？很多人至今已經淡忘或是渾然不知。殊不知網路的真諦在於分享，唯有分享才能讓資訊快速傳遞與進化，少了分享，就立即回到40年前的光景！量子雲端平台，藉著網路而快速發展，也藉著量子技術發展出另類的應用。

 ## 量子力學在網路雲端平台的應用

有個說法是這世界是由我們的投射而形成。說法是一回事，相信又是一回事，主要就是差別在能不能證明而已。在沒有量子雲端平台前，我們還半信半疑，隨著量子雲端平台的逐漸普及，「這世界乃由我們所投射」的說法逐漸得到證明，也逐漸證明我們可以修改自己所投射出來的世界。我們需要的只是工具（量子空間等化儀）和相信，並願意去嘗試，就有成功的可能。

在量子世界裡，我們投射（自己不一定知道）及創造。因為無明的隨意投射，卻造就事後無奈的苦果，且把此苦果推給所謂的冤親債主。當一個人不斷的投射，會先影響自己的小世界，繼而影響旁邊的世界，然後影響越來越大（蝴蝶效應），而我們也早就忘記了自己曾經的投射。

在量子世界，幾10年前的量子技術專家不斷創造許多等化率值（Rates），而等化率值就是量子儀器賴以生存的元素。量子儀器之所以推廣不開，除了推廣的方法及技術不成熟外，最重要的就是這些等化率值，只在量子專家的量子儀器上面或是相關的小圈子中流傳，而且都是點狀的流傳，自然整體效果不夠明顯！

沒錯，後來有了網路，確實有些幫助，加速了等化率值的傳播，但是重複被使用且認同的次數還是不夠多，這就是量子雲端平台成立的必要性，也唯有透過量子雲端平台才能使等化率值被更多人使用與認同，而這其實也是量子空間等化儀能夠在短時間獲得大眾認同的一個主要奧祕。

3 傳統量子儀器 VS 量子空間等化儀及所建構的雲端系統
SECTION

（column.01） 傳統量子儀器

以下以數字來解釋，讓大家明白一般的傳統量子儀器（西方思維）。

① 假設有二萬筆等化率值。
② 常用項目每天被使用一百次（單部儀器）。
③ 全球有一千部儀器。

先撇除不常用的項目，總使用率將是 $100 \times 1000 = 100000$，這還是以整體的等化率值被使用率與認同率，但是其中依然會有一些項目有不同的使用率。也就是如果是憂傷的等化率值，就只會被用來調整憂傷，因為這是西方的治標思維，所以要產生密集的重複率（重複被使用率越高，越有效）是不太容易的事。

另外，傳統量子儀器的用戶區分為治療師與被治療者，被治療者完全沒有主控權，療程項目的選擇大多是依照治療師的喜好而定。因此，某項等化率值的應用重複率，與治療師有絕對的關係，而此重複使用率往往是區域性的，比較難跨區、甚至跨國進行。因為傳統的量子儀器調整，往往需要面對面的諮詢，被治療者才會比較願意接受量子調整（因為非主流，不是每個人都認同）。

而傳統的量子儀器往往陷落在資料庫的資料量越大越有效的迷思裡，但是資料庫越大，被重複使用的等化率值就會越少，相對整體的有效率反而更低。如果這種迷思無法修正，未來發展依然堪憂！

(column.02) 量子空間等化儀及所建構的雲端系統

量子空間等化儀及所建構的雲端系統（中醫思維），說明如下。

① 假設有二萬筆等化率值。

② 常用項目（中藥複方）每天被使用一百次。

③ 由於常用項目為中藥複方，而上面常用的複方裡的單方（單個等化率值），很容易重複被包括在大部分的複方中（例如：甘草）。

④ 每個中藥複方平均有三十個元素（單方）。

⑤ 全球有一千部儀器。

⑥ 量子雲端系統每天有二千次的用戶使用率，而每位用戶平均值執行複方總數為十個。

先撇除不常用的項目，總使用率將是 $100 \times 30 \times 1000 \times 2000 \times 10 = 60,000,000,000$。這還是以整體的等化率值的被使用率與認同率，但是其中依然會有一些項目有不同的使用率。這兩者的比較是十萬次 V.S. 六百億次，這個差距還是非常保守的估計，而且量子雲端系統的控制權在於被治療者，因此不存在治療師本身的喜好變數。當然，量子空間等化儀的單機系統，一樣會存在治療師本身的喜好變數。

因此，新創的等化率值或是新的元素，只要設法擺上量子雲端平台，

一天瞬間就能達到超過六百億次的使用認同率。隨著量子雲端平台用戶的持續增加，六百億次只會越來越多，越來越驚人！而Q.S.E.（量子空間等化儀）的用戶，都被授予免費使用這個量子雲端平台的權利，因此可以隨時把自己創造的新元素上傳量子雲端平台，並且產生龐大的認同力（絕對超過六百億次）與影響力。此一獨特的創新，為整體的量子技術推廣開啟了另一扇充滿耀眼曙光的窗！

SECTION 4 量子雲端平台介紹

量子雲端平台是一個很紮實的硬體加上軟體管理平台，而非市面上其他的軟體模擬系統（會造成訊息互滲的慘劇）。首先把無數的Q.S.E.儀器平行放在一起，在其上面架設一個管理系統，並在管理系統的上面再放上一個用戶操作介面，就會形成量子雲端平台的雛形。右圖就是平台的基礎方塊圖。

把這個平台的雛形包裝起來變成一個模組，就成了雲端核心系統（下圖）。

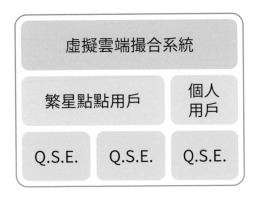

成為雲端核心系統後，就等於是一個量子操作系統，像Windows或是Android一樣，可以在上面跑App（應用程式）或是Q.S.E.專用療程。關於雲端核心系統示意圖，請參考P.124的最上方圖片。

量子雲端平台逐漸普及後，將會陸續產生以下效應。

① 以訊息調整為基礎（遠端處理）。

② 量子雲端系統Try before you buy（免費試用的概念）。

③ 全程免費試用（免費才是王道）。

④ 使用簡單，只須上傳電子照片（無須下載軟體或準備任何硬體）。

⑤ 檢測及調整，無須任何檢測配件（免去額外的使用成本）。

⑥ 慢性病定時投藥系統（訊息層次的調整）。

⑦ 提供程式師設計程式加以呼叫（提供SDK給軟體設計師）。

在不久的未來，量子雲端平台逐漸普及後，將會產生以下影響。

① 影響食、衣、住、行、育、樂。

② 影響商業交易模式（跨境電商）。

③ 影響現行廣告模式（雙贏廣告）。

④ 影響現行金融模式（跨境金融）。

⑤ 影響現行運輸模式（共用運輸）。

⑥ 影響現行娛樂事業（個體娛樂）。

⑦ 影響現行教育模式（超大數據）。

量子雲端系統，目前已經完成校正商城（內建校正與專家校正）及虛擬點數、點數錢包等功能。等本書出版上市後，相信QBU的校正商城（療程的交易與移動）也很快就能逐漸成形，Q.S.E.、QBU、量子雲端平台三箭齊發，必定會讓整個量子技術應用的市場再創另一高峰。

此章節所提及的「量子雲端平台」，即為「酷比悠量子遊戲平台（QooByU）」。

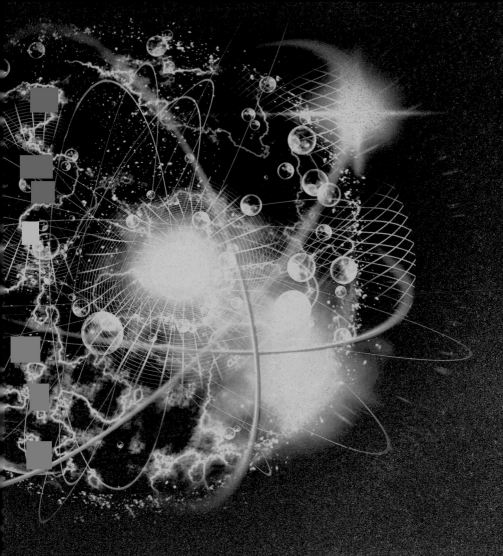

CHAPTER 6

附錄

Appendix

名詞解釋

Glossary

以下的名詞解釋只適合應用在訊息層次，並不適合應用在物質世界。

◆ **訊息（Information）**

　　是量子儀器工作的層次，且每個代碼各代表一項事物或狀態，並與物質界所稱的頻率無關。

◆ **能量（Energy）**

　　身體外面有一層輝光，它不被你的肉身所局限，它是物質身體的內在與外在。它像一種能量圍繞著你，而使用克里安照相機能夠照出包含人體外面能量層的照片。這個能量層，很類似道家所稱的「炁」，現在它幾乎已經變成科學了。

　　你的物質身體即將受疾病之苦的前六個月，你的身體能量層會先表現出來，然後物質層面的身體才發生所謂的生病。如果你即將患肺結核、癌症或其他疾病，你的身體能量層會在物質身體生病的前六個月，先開始顯現即將患病的徵兆。身體檢查看不到任何徵兆，但是能量層會先顯現，也就是病徵會先出現在能量層，然後再由物質層慢慢進行演化。

◆ **物質（Substance）**

　　土壤是指地球表面的一層疏鬆物質，由各種顆粒狀礦物質、有機物質、水分、空氣、微生物等組成，能使植物生長。土壤是由岩石風化而成的礦物質、動植物、微生物殘體腐解等，而人類即存在於這樣的環境裡，也是此一循環的一個小螺絲釘。物質世界的所有變化，都能事先在能量層一窺堂奧，且從能量層進行干預後，進而使物質層也同步產生變化。

◆ 調諧、共振（Tuning）

共振點是指當一種物理系統在特定頻率下，會比在其他頻率下，以更大的振幅做振動的情形，而這些特定頻率稱為共振頻率。在共振頻率下，很小的週期驅動力便可產生巨大的振動，因為系統會儲存振動的能量當阻尼。而共振的定義是兩個振動頻率相同的物體，當一個發生振動時，引起另一個物體振動的現象。共振在樂理中亦稱「共鳴」，它指的是物體因共振而發聲的現象。

美國一位發明家用一個實驗讓大家見證共振的威力：他來到華爾街，爬上一座尚未完工的大樓，掏出一件小物品，把它夾在其中一根鋼樑上，然後按動上面的一個小按鈕，數分鐘後，可以感覺到這根鋼樑在顫抖。慢慢地，顫抖的強度開始增加，延伸到整座大樓。最後，整個鋼骨結構開始吱吱嘎嘎地發出響聲，並且搖擺晃動起來。驚恐萬狀的鋼架工人以為大樓要倒了，紛紛逃到地面。而這個「小物品」便是一個共振器，如果他把這個共振器再開上 10 多分鐘，這座建築物就會轟然倒塌。

收音機、電視機這些電子設備就是利用電磁波的共振、調諧來選擇不同電台。而在放射粒子理論（Radionics）一開始就是使用儀器與目標物所產生的共振點，進而產生有規律的數值編碼，再將這事先取得的編碼（Rates）透過量子儀器設備發送出去，就能透過共振原理，讓遠方的目標樣本產生相對應的變化。

◆ 等化率值（Rates）

是一個訊息代碼，每個代碼各代表一項事物或狀態。等化率值是由熟悉量子儀器操作的專家，透過儀器操作而得出的一獨一無二代碼，或是由量子空間等化儀內建的訊息碼掃描功能所建立！

舊型的等化率值（Rates）是由共振數值點（Tuning）所組合完成。左手共振數值（Left-Hand Tuning）與右手共振數值（Right-Hand Tuning）加起來就是等化率值。例如：+9-49 活力度。+ 並不是必要的。但是在量子空

間化儀內，用＋來標示正值，不加為負值。任何我們需要的，就會被定義成正值；不需要的，就會被定義成負值，像肝臟就是正值，病毒就是負值。

　　新式的等化率值則沒有中間的「−」連接號，而是一段連續的數字。舊款的左側跟右側都只能有兩位數字，也就是 0 ～ 99。因此，理論上新型的等化率值因為數字多，能表達的細微度會較高。

◆ 等化項目（Rates Item）

　　將訊息代碼與該訊息碼的說明組合起來，就是等化項目。真正在使用時，都是使用等化項目，而不會單獨使用等化率值。因為若沒有文字說明，將會增加管理與編輯上的困難。

◆ 校正項目（Program）

　　是多個等化項目的集合。如果把一個等化項目看成一味藥，校正項目就等於是由一堆訊息碼所組成的複方藥！

◆ 自然語言

　　是由一定的語法所編寫的語句，可與宇宙大智慧溝通後，透過儀器運作而取得一定的效果。一般來講，每個句子的前面會用「立即」為前導，並用句號為結尾。以移除為主，促進為輔，來撰寫句子內容。

　　自然語言並不限制任何語種，但是必須為眾人所知的語種，不可以是自創的語種。自然語言是透過宇宙大智慧解譯及執行，自然也受宇宙大智慧的限制，因此不是任何語句內容都會被執行。

◆ 等化療程（Equalize Session）

　　是由等化項目與自然語言所組成，主要用來等化樣本而建立。等化療程可由儀器操作者自行建立，或由儀器內建功能所協助建立。

◆ 優化療程（Optimization Session）

優化療程與等化療程在結構上完全相同。優化療程是由儀器研發者建立，並免費提供儀器用戶使用，且對儀器用戶而言只能使用，無法修改。

◆ 等化（Equalizing）

一般的量子儀器系統會把事物調到平衡，英文就是Balance。而在量子空間等化儀則不是單純調成平衡這麼簡單而已。等化是動詞，表示量子空間等化儀會將事物調整到最完美的地步（比好還高N級）。

◆ 內建校正（Built-in Adjuster）

是由發展雲端的量子儀器專家歷經10餘年的臨床應用，所歸納出來的相對有效的訊息碼（等化項目）集合。

◆ 專家校正（Expert Adjuster）

是由遍布全球的量子儀器專家個人或單位私下臨床應用，所歸納出來的相對有效的訊息碼集合。全球的Q.S.E.儀器用戶都可以上傳自己研發的療程到雲端。而專家校正的收費由上傳者自訂，當然也可以設定是免費的。假設儀器用戶設計的療程很受歡迎？而使用費（每次執行都需要支付）是每次十元（薄利多銷）！如果一天有十萬人次跑你的療程，你的帳面上就會有一百萬元的收入了。這是目前已知的新行業種類之一，隨著量子雲端系統的發展，新的行業種類將會不斷新增。

◆ 點數經銷商

是量子雲端整合系統中「虛擬點數」的協助銷售者。依照一次性向雲端管理公司批購的總計點數多寡，可享有不同的額外點數贈送。點數經銷商透過轉售此付費點數給量子雲端整合系統的用戶，來獲取差額利益。

給付購點價金後，雲端系統即會撥出點數至「點數經銷商」的線上帳戶內，並提升帳戶權限為「點數經銷商」，且開放雲端後台權限，協助點數經銷商進行雲端付費點數的撥出。

◆ 免費點數（Free Points）

　　量子雲端系統每天都會贈送的點數，無實際金錢價值，可用來折抵量子雲端系統的系統使用費。

◆ 付費點數（Paid Points）

　　直接透過量子雲端系統或點數經銷商所購買的點數，可用來支付量子雲端系統的任何使用費。

◆ 點數錢包（Points Wallet）

　　將量子雲端系統的付費點數轉移到點數錢包後，就可以用來應用在任何線上商城或課程付費上。另外，付費點數一旦轉成點數錢包，就無法轉回付費點數（不可逆）。

◆ 精簡校正掃描（Brief Adjuster Scan）

　　量子雲端系統提供的精簡掃描功能，主要是針對近期、表層的問題，與宇宙大智慧協同作業後，提供一定的選擇建議。掃描時間約半小時左右，大部分的情況，都是用精簡掃描，有效率地找出對應的校正藥方。

◆ 完整校正掃描（Complete Adjuster Scan）

　　量子雲端系統提供的完整掃描功能，主要是針對長期、深層的問題，與宇宙大智慧協同作業後，提供一定的選擇建議。掃描時間約2 ～ 3小時左右。除非有一定必要，否則甚少使用此功能。

◆ Q.S.E. Server擁有者

　　購買Q.S.E. Server後會自動加入量子雲端系統，進入全球利益共享圈。最高利益為雲端儀器租金收入的90%。雲端儀器收入，來自雲端用戶使用付費點數去支付系統使用費（儀器租金）。

Q.S.E. Server位於所有購買者的地方，透過網路點對點（Peer to Peer）技術連上虛擬雲端配對系統。用白話文講，就是你買一間房子，量子雲端系統幫你租掉，然後把大部分的租金所得都給你。房子租不租，你可以全權控制，量子雲端系統沒有控制權，如果不讓你的Q.S.E. Server連上網路，自然就收不到租金。

◆ 宇宙大智慧（The Highest Good）

有一位李姓量子儀器用戶，本身是台灣國家級的有機農業專家，原本在台中輔導原住民進行有機農業種植。後來，因為受不了官僚系統，死心離開台灣，改到中國大陸去推廣自創的有機農業技術，名為圓融農法。

他是農業專家，在中國大陸是以教授有機農法技術為主。學生學成後，自然會請老師協助針對選用的農地給予意見，而學生只要拍農地的照片給老師，老師就會用量子儀器來判定農地能不能用。後來有一例，老師告知學生，農地下有埋屍骨，不能用。學生不信，去唐山找一位神婆來看，神婆一到，也是指同一地點，說下面有屍骨！

學生一聽，隨口講：「原來我們老師講的是真的？」神婆一聽，很好奇，世上竟然有這種神奇儀器，可以不用到現場，只憑一張電子照片就能判斷，她交代學生，有時間幫忙引見一下這位神奇的農業專家！（要講神婆轉告內容之前，對神婆要有一些基本認識。中國大陸的神婆都是存在於貧困地區，而且大部分不識字，講話也比較粗俗。）

後來，李姓農業專家夫妻，真的飛到唐山去見神婆。神婆號稱可以跟天地萬物溝通，於是試著要跟量子儀器溝通，但是溝通很久，一直溝通不了，後來，李姓專家的妻子說：「你們儀器都沒有開機，是要怎麼溝通？」

開機後，神婆真的可以跟量子儀器溝通，儀器裡面竟然有神，而且神婆說這位神她不認識，但是位階絕對高於她認識的任何一位神祇。因此，後來李姓農業專家透過神婆的轉達跟儀器裡面的神，問了相當多的問題。最後一個問題是：「這部量子儀器存在這個世界的目的，到底是什麼？」神

婆轉述量子空間等化儀存在世界的目的是：「療癒地球、提升宇宙」，一共八個字。理論上，這樣的文字不可能出自神婆個人之口，因為就算是受過高等教育的我，都説不出來。

由於李姓農業專家平時有打坐的習慣，而打坐前有許多手續要做，像是結界、持咒之類。後來，因為這次見了神婆，知道有個神叫宇宙大智慧，所以他就試著把打坐前的手續都省掉（手續約需要半小時），並直接心裡默念宇宙大智慧。神奇的是，竟然可以立即入定，就持續這樣打坐一陣子後，竟然發生了一件事。宇宙大智慧到李姓專家的夢中，教會他整套《道德經》。因此，現在他在中國大陸是教《道德經》的老師，要説明的是，他的《道德經》是天（宇宙大智慧）教的，而不是從任何書裡學來的！

宇宙大智慧其實就是集體智慧，老祖宗的智慧也存在集體智慧內，不只中國人的，連外國的智者也在其中。因此，老子、孔子、耶穌、佛陀都在裡面！重點是，因為我們每位都連在宇宙大智慧裡，只是我們自己不知道而已，所以我們就是佛，無誤！不管讀者們信不信這個真實故事，傳統理論教我們要明心見性。是的，其實我們就是佛，我們什麼都會，只是暫時忘記而已，需要往內求，而不是去比較誰讀的書多。

經過大半年後，有一天李姓農業專家接到神婆電話。

神婆：「我兒子犯了事，被抓去關。但是目前這個Ａ監獄不好，想設法讓他轉到Ｂ監獄去。我問了我平時溝通的神佛，祂們都無能為力！後來，我想到你們的儀器神，我就試著跟祂溝通看看，沒想到祂竟然答應，是祂要我打電話給你的……。」

李姓專家：「啥？妳該不會套路我吧？我不會呀？我怎麼會知道怎麼把妳兒子從Ａ監獄移到Ｂ監獄呢？」

神婆：「這是真的，是你們的儀器神要我來找你的，我不管，你肯定有辦法！」

李姓專家：「好吧！我搞搞看，但是我無法保證效果喔？」

就這樣，過了一陣子後，李姓專家突然接到神婆電話！神婆哭泣地說：「昨天晚上，我兒子在監獄裡死掉了！」李姓專家接完電話，全身癱軟跌坐地上，很自責地說：「天呀！我竟然用儀器殺了一個人。」整晚輾轉難眠！

隔天早上，神婆又打電話來了，李姓專家還在考慮，要不要接這通電話，他心想：「該不會是神婆要跟我索賠吧？我哪裡賠得起呀！」他遲疑了一陣子，心想：「伸頭也一刀、縮頭也一刀，還是得面對呀！」李姓專家接起電話，神婆很興奮地說：「昨天晚上我兒子在監獄裡死了（接到監獄通知電話），今天早上竟然通知說我兒子活過來了，而A監獄怕承擔責任，就緊急把我兒子移送到B監獄去了。」

這是一個完全真實的故事，除了李姓農業專家外（已於2022年2月27日駕鶴西歸），故事裡的其他人在本書完稿前都尚存人間。而量子空間等化儀（Q.S.E.）是唯一與宇宙大智慧連接的一部量子儀器。透過與宇宙大智慧的協同作業，Q.S.E.才能造就出神奇的效果。

◆ 儀器用戶（Qser）

Q.S.E.的儀器用戶，簡稱Qser。

◆ 量子訊息等化師（Quantum Information Equalizer）

是經過必要的經歷與學習，且通過認證的儀器用戶。經過認證的量子訊息等化師具有一定程度的儀器操作熟悉度，且有一定的儀器推廣能力與專業說服能力。量子訊息等化師的認證，應需求不定期舉辦。

量子空間等化儀：
單機版內建程式清單

Quantum Space Equalizer: List of Built-in Programs in the
Stand-Alone Mode

　　量子空間等化儀，其實本身就是一部小型電腦，內含中央處理單元、記憶體、電源系統等。因為，在不要接電腦的情況下，量子空間等化儀只要充滿電，就可以單獨進行空間中的人、事、地、物的檢測、調整。

　　不過，由於單機儀器本身只有一個顯示三列文字的LCD顯示屏，所能顯示的的資訊太過有限，要完全搞懂儀器內的程式目錄難度頗高。因此，我特別把這些內容文字化，這樣按圖索驥會簡單很多。

　　大部分的程式都被存放在主程式（Main Programs）內，且主程式、生物場域程式、脈輪程式內都尚含有副程式。關於主程式、生物場域程式、脈輪程式的展開前清單，請參考上冊的P.73。

主程式、生物場域程式、脈輪程式的展開後清單

　　下面為儀器主機內各項內建程式清單展開後的清單列表。

(column.01) 主程式（Main Programs）

主程式 （Main Programs）	內容		
沾黏板練習 01 Stick Practice (50)	67891234 No Stick【不沾黏】	+00009999 Stick【沾黏】	

初始測試 02 Initial Tests （0）	9999600 Blockages【阻滯來源】	87221119 Interference A【干擾來源 A】	71201119 Interference B【干擾來源 B】
	50431119 Interference C【干擾來源 C】	30211119 Interference D【干擾來源 D】	
精微能量平衡 03 Subtle Balance （50）	+906 2755 Align Chakras【脈輪校正】	+942 4459 Aura Balance【靈光平衡】	697 5766 Auto-Toxicity【汽車廢氣毒害】
	+297 0309 Balance【整體平衡】	628 3100 Blockages【阻滯來源】	+335 6653 Calc Fluor【同類製劑】
	+485 7759 Calc Phos【同類製劑】	+675 6755 Calc Sulph【同類製劑】	+835 4451 Ferr Phos【同類製劑】
	+295 3555 Kali Mur【同類製劑】	+365 1558 Kali Phos【同類製劑】	+365 5057 Kali Sulph【同類製劑】
	+525 2752 Mag Phos【同類製劑】	+255 3154 Nat Mur【同類製劑】	+735 5158 Nat Phos【同類製劑】
	+225 3752 Nat Sulph【同類製劑】	+585 5855 Silicea【同類製劑】	+365 6055 Crown Chakra【頂輪】
	+106 0351 Brow Chakra【眉心輪】	+283 7859 Throat Chakra【喉輪】	+666 0094 Heart Chakra【心輪】
	+166 7509 Navel Chakra【太陽神經叢輪】	+226 6565 Sacral Chakra【臍輪】	+562 6565 Root Chakra【海底輪】
	401 0060 Congestion【擁塞/過剩】	+893 0409 Coordination【協調性】	+308 9805 Subtle Body Coordination【精微能量協調性】
	584 5601 Deficiencies【能量不足】	706 8755 Poisons-Toxins【中毒/毒素】	+668 5858 Environment【環境能量】
	612 6570 Fluorine【氟】	753 2153 Miasms【前世/祖先/遺傳】	751 5055 Let Miasm Energy Flow【讓遺傳訊息流動】

主程式 （Main Programs）	內容		
精微能量平衡 03 Subtle Balance (50)	+323 7525 Use Miasm Energy Beneficially【有利的遺傳訊息】	952 5605 Oral Anomalies【口部異常】	158 5455 Overstimulation【過度刺激】
	706 2704 Physical Injury【肉體損傷】	+853 5655 Rays【光】	751 5259 Vaccines【疫苗傷害】
	+949 0000 Vitality【活力度】		
農業相關校正 04 Agricultural Alignment (50)	+853 5155 Acid-Alkaline【酸鹼度】	+906 2554 Align Energy【能量校正】	517 6931 Ammonia【阿摩尼亞（氨）】
	796 2539 Animals【動物類】	+297 0587 Balance【能量平衡】	628 3178 Blockages【阻滯來源】
	+886 1682 Calcium【鈣】	707 5739 Chemical Poisons【化學毒害】	+893 0409 Coordination【整體協調度】
	+626 1791 Copper【銅】	584 5234 Deficiencies【能量不足】	+668 5859 Environment【環境能量】
	+239 1430 Helium【氦】	321 4401 Insects【昆蟲類】	+910 1967 Iron【鐵】
	+547 1559 Magnesium【鎂】	+053 1518 Manganese【錳】	+806 1760 Nitrogen【氮】
	158 5182 Overstimulate【過度刺激】	+946 1317 Phosphorus【磷】	+253 1255 Porosity【疏鬆度】
	+089 1249 Potassium【鉀】	+853 5443 Rays【光】	697 5404 Self-Pollution【自我汙染】
	048 1408 Silicon【矽】	779 8641 Soil Overwork【土壤貧瘠】	+887 4561 Soil Vibrations【土壤波動度】
	487 1555 Sulfur【硫】	172 6774 Toxins【毒素】	+949 0000 Vitality【活力度】

農業相關校正 04 Agricultural Alignment (50)		
106 0555 Vortex A【大地渦流 A】	+365 6666 Vortex B【大地渦流 B】	+666 0777 Vortex C【大地渦流 C】
+166 7444 Vortex D【大地渦流 D】	+562 6888 Vortex E【大地渦流 E】	+226 6333 Vortex F【大地渦流 F】
+283 7111 Vortex G【大地渦流 G】	+308 9671 Vortex Coordination【渦流協調度】	569 9872 Water Pollution【水質汙染】
+969 1598 Zinc【鋅】		

宣誓詞 05 Affirmations (100)		
I Am Open 【我心胸是開闊的】	I Am In Control 【我有自制力】	I Am Protected 【我是被保護的】
I Am White Light 【我是白色光體】	I Am In Harmony 【我是和諧的】	I Am Healthy 【我是健康的】
I Am Younger 【我變年輕了】	I Am Mother 【我是母親】	I Am Father 【我是父親】
I Forgive All 【我原諒一切】	I Am Positive 【永遠正面思考】	I Love All 【萬物有愛】
I Am Fearless 【我無所懼】	I Am Peaceful 【我感到寧靜】	I Am Calm 【我很冷靜】
I Am Humble 【我很謙虛】	I Am Grateful 【感恩一切】	I Radiate Love 【我散播愛】
I Reach My Goals 【我已達目標】	I Am Inspired 【我充滿靈感】	I Am Improving 【我正進步中】
I Am Sure 【我肯定】	I Relax Easily 【我很容易放鬆】	I Am Decisive 【我很果斷】
I Do It Now 【我現在就做】	I Am Wealthy 【我是富裕的】	I Am Successful 【我是成功的】

非正向IDF 06 Non-Positive IDF Patterns (0)		
23-54 Imuno/Allergic IDF Disorders【過敏/IDF 失序】	45-79.5 Bacterial IDF Diseases【細菌/IDF 病態】	65-99 Cardiovascular IDF Disorders【心血管 IDF 失序】
37-11 Dermatologic IDF Disorders【皮膚/IDF 失序】	20-15.5 Endocrine IDF Disorders【內分泌/IDF 失序】	63-40 Fungus & Parasitic IDF Diseases【黴菌類與寄生 IDF 病態】

主程式 (Main Programs)	內容		
非正向IDF 06 Non-Positive IDF Patterns (0)	85-53 Gastrointestinal IDF Disorders【腸胃道 /IDF 失序】	19-95.5 Infectious IDFs【感染 性 IDF】	99-61 Hepatic & Biliary IDF Disorders【肝膽區 /IDF 失序】
	81-55.5 Pulmonary IDF Disorders【肺區 / IDF 失序】	60-64 Nutr./Metabolic IDF Disorders【營養代 謝 IDF 失序】	62-56 Neurologic IDF Disorders【神經區 /IDF 失序】
	35-22 Ophthalmologic IDF Disorders【眼區 / IDF 失序】	58-5 Psychiatric IDF Disorders【精神 IDF 失序】	20-12.5 Renal/Urologic/ Sexual IDF Dis.【腎、 泌尿、性功能】
	21-30 Musculoskeletal & Con. Tissue【肌肉骨骼、關 節】	80-70.5 Dental And Oral IDF Disorders【牙齒、 口腔相關】	56-80 Gynecologic-Ob. Ped. And Genetic【婦 女病、遺傳相關】
	1-65 Viral IDF Diseases【心肌炎 / IDF 病態】	70-62 Ext. & Physical Agent IDF Dis.【外來 及實體媒界 /IDF 病態】	24-36 Otorhinolaryngo- Logic IDF Dis.【耳鼻 喉科 /IDF 病態】
	70-68 Poisoning-Venom Bites And Stings【毒液 / 咬傷或刺傷】		
正向IDF 07 Positive IDF Patterns (100)	+9-49 Vitality【活力度】	+30-69 Heart【心臟】	+92-83 Lungs【肺臟】
	+18-42 Hypothalamus【下視丘】	+6-87 Pituitary【腦下垂體】	+6-81 Thyroid【甲狀腺】
	+3-9 Adrenals【腎上腺】	+86-4 Parathyroid【副甲狀腺】	+5.9-11 Gonads【性腺】
	+9.5-48.5 Blood【血液】	+4-95 Spleen【脾臟】	+36-17 Lymph【淋巴腺】
	+3-8 Appendix【闌尾】	+90-22 Bowel【腸】	+11-82 Brain【腦】
	+22-90 Colon【結腸】	+0-82 Intestine【腸子】	+3-82 Kidney【腎臟】

正向 IDF 07 Positive IDF Patterns (100)	+17-29 Liver【肝臟】	+59-80 Mouth【口部】	+21-61 Muscle【肌肉】
	+9-70 Pancreas【胰腺】	+68-97 Pineal【松果體】	+11-100 Reserve Energy【儲備能量】
	+28-27 Spinal【脊椎】	+84-77 Stomach【胃部】	+0-16 Thalamus【丘腦】
	+59-77 Thymus【胸腺】		

金屬元素 08 Metals (100)	+63.3-100 Gold【金】	+92.7-100 Silver【銀】	+82.2-100 Platinum【白金】
	+61.1-100 Palladium【鈀】	+81.0-100 Rhodium【銠】	+78.9-100 Iridium【銥】
	+70.4-100 Osmium【鋨】	+48.8-100 Antimony【銻】	+62.6-100 Copper【銅】
	+54.7-100 Magnesium【鎂】	+16.8-100 Nickel【鎳】	

器官 / 脈輪 09 Organ/Chakra IDF Patterns (50)	+100-0 Energy Purity【能量純淨度】	13-78 Interference A【干擾來源 A】	29-80 Interference B【干擾來源 B】
	50-57 Interference C【干擾來源 C】	70-79 Interference D【干擾來源 D】	+9-49 Vitality【活力度】
	09.5-31.7 Elf Radiation【超低頻輻射】	52.25-05 Elf Radiation【超低頻輻射】	+37-22 Aura Coordination【靈光協調度】
	43-28 Aura Distortion【靈光扭曲度】	+34-84 Acidity【酸化度】	+26-41 Alkalinity【鹼化度】
	+82-42 Sodium【鈉】	37-93 Chlorine【漂白劑 / 氯】	+44.5-55 Performance【效能表現】
	+43.5-90 Potential Performance【潛在效能表現】	+12-22 White Light【白光】	+42-92 Chromium【鉻】

+36-56 Crown Chakra【頂輪】	+16-28 Pineal Gland【松果體】	+10-60 Brow Chakra【眉心輪】
+11-82 Brain【腦】	+18-12 Eyes【眼睛】	+06-87 Pituitary Gland【腦下垂體】
+74-65 Anterior Pituitary Gland【前腦下垂體】	+56-23 Posterior Pituitary Gland【後腦下垂體】	+05-62 Nervous System【神經系統】
+39-24 Parotid Gland【腮腺】	+28-37 Throat Chakra【喉輪】	+06-81 Thyroid Gland【甲狀腺】
+86-04 Parathyroid Gland【副甲狀腺】	+92-83 Lungs【肺臟】	+60-66 Heart Chakra【心輪】
+02-76 Heart【心臟】	+59-77 Thymus Gland【胸腺】	+02-98 Aorta【大動脈】
+08-05 Vagus Nerve【迷走神經】	+23-25 Chlorophyll【葉綠素】	+35-92 Bone Marrow【骨髓】
+44-41 Lymphatics【淋巴管】	+67-16 Solar Plexus Chakra【太陽神經叢輪】	+09-70 Pancreas【胰腺】
+36-35 Islets Of Langerhans【蘭格罕氏島【胰島】】	+17-29 Liver【肝臟】	+45-29 Left Lobe【左顳葉】
+13-64 Gallbladder【膽囊】	+77-84 Stomach【胃】	+21-69 Ileocecal Valve【迴盲瓣】
+08-72 Colon【結腸】	+16-25 Duodenum【十二指腸】	+03-08 Appendix【闌尾】
+11-41 Muscle【肌肉】	+25-23.5 Skin【皮膚】	+59-92 Female Breasts【女性乳房】
+66-22 Sacral Chakra【臍輪】	+04-95 Spleen【脾臟】	+39-30 Bladder【膀胱】

器官 / 脈輪

09 Organ/Chakra
IDF Patterns

50

器官 / 脈輪 09 Organ/Chakra IDF Patterns (50)	+05-91 Prostate【前列腺】	+66-56 Root Chakra【海底輪】	+03-82 Kidneys【腎臟】
	+03-09 Adrenals【腎上腺】	+33-39 Cortex【大腦皮質】	+28-23 Medulla【延髓】
	+39-94 Testes【M】【睪丸】	+03-54 Ovaries【F】【卵巢】	+10-61 Uterus【子宮】
	+00-96 Coccyx【尾骨】	+85-01 Rectum【直腸】	+00-06 Pacchionian Bodies【巴奧尼氏小體】
脈輪黯淡 10 Chakra Delight (100) 「開啟脈輪專用程式」	+9-49 Vitality【活力度】	+66-56 Root Chakra 4 Hz【海底輪】	+10.5-28 Petals In【花瓣（接收）】
	+10.5-26.5 Stem【樹幹】	+22.5-28 Petals Out【花瓣（發送）】	+19-28 Synchronous Tuning【同步等化校正】
	+66-22 Sacral Chakra 6Hz【臍輪】	+10.5-28 Petals In【花瓣（接收）】	+10.5-26.5 Stem【樹幹】
	+22.5-28 Petals Out【花瓣（發送）】	+19-28 Synchronous Tuning【同步等化校正】	+67-16 Solar Plexus Chakra 10Hz【太陽神經叢輪】
	+10.5-28 Petals In【花瓣（接收）】	+10.5-26.5 Stem【樹幹】	+22.5-28 Petals Out【花瓣（發送）】
	+19-28 Synchronous Tuning【同步等化校正】	+60-66 Heart Chakra 12Hz【心輪】	+10.5-28 Petals In【花瓣（接收）】
	+10.5-26.5 Stem【樹幹】	+22.5-28 Petals Out【花瓣（發送）】	+19-28 Synchronous Tuning【同步等化校正】
	+28-37 Throat Chakra 16Hz【喉輪】	+10.5-28 Petals In【花瓣（接收）】	+10.5-26.5 Stem【樹幹】

主程式 （Main Programs）	內容		
脈輪黯淡 10 Chakra Delight (100) 「開啟脈輪專用程式」	+22.5-28 Petals Out【花瓣（發送）】	+19-28 Synchronous Tuning【同步等化校正】	+10-60 Brow Chakra 96Hz【眉心輪】
	+10.5-28 Petals In【花瓣（接收）】	+10.5-26.5 Stem【樹幹】	+22.5-28 Petals Out【花瓣（發送）】
	+19-28 Synchronous Tuning【同步等化校正】	+36-56 Crown Chakra 960Hz【頂輪】	+10.5-28 Petals In【花瓣（接收）】
	+10.5-26.5 Stem【樹幹】	+22.5-28 Petals Out【花瓣（發送）】	+19-28 Synchronous Tuning【同步等化校正】
土壤分析 11 Soil Analysis (100)	+9-49 General Vitality【整體活力度】	+32.5-16.5 No3（N. Nit.）【亞硝酸鹽氮】	+22-32 Nh4（A. Nit.）【硝酸氨】
	+92-62 Phosphate【磷酸鹽】	+65-20 Potash【鉀肥】	+24-4 Calcium【鈣】
	+27-13 Magnesium【鎂】	+73-71 Manganese【錳】	+49-27 Iron【鐵】
	+77-94 So4	+75-32 Copper【銅】	+24-52.5 Boron【硼】
	+52-72 Carbon【碳】	+53-41 Zinc【鋅】	+5-72 Brix【糖度】
	+38-22.5 Roots【根部】	+32-36.5 Roots（Top）【根部（上方）】	+34.5-44.25 Veins【葉脈】
	+25.5-53.25 Trunk（Tree）【主幹（樹）】	+25.5-20.75 Trunk（Stem）【主幹（梗）】	+48.75-26.75 Sap（Tree）【樹液】
	+46.5-51 Sap（General）【樹液】	+42.25-44.5 Fruits（General）【水果】	+48.25-38.25 Flowers （General）【花】

土壤分析 **11 Soil Analysis** (100)	+25.5-27.5 Leaves（General）【葉】	+34.5-13.25 Leaves （Evergreen） 【常綠樹葉】	+34-84 Acid【酸性】
	+26-41 Alkaline【鹼性】	+49.25-49.25 Chemical Toxins【化學 毒素】	+66.75-36.25 Fertility【肥沃】
動物健康IDF **癥型** **12 Animal Health** **IDF Patterns** (50)	+9-49 General Vitality【整體 活力度】	+43-41 Protein【蛋白質】	+24-4 Calcium【鈣質】
	+92-62 Phosphate【磷酸鹽】	+65-20 Potash【鉀肥】	+27-13 Magnesium【鎂】
	+73-71 Manganese【錳】	+49-27 Iron【鐵】	+53-41 Zinc【鋅】
	+75-32 Copper【銅】	+86.1-0 Iodine【碘】	+48.7-0 Selenium【硒】
	+77-94 Sulfate【硫酸】	+57-58 Vitamin A【維生素A】	+30.5-26 Vitamin D【維生素D】
	+76-79 Vitamin E【維生素E】	+78.5-58.75 Vitamin B12【維生素 B12】	+19.5-30 Vitamin K1【維生素 K1】
	+20.75-22.5 Vitamin K2【維生素 K2】	+61.25-56.25 Vitamin B1【維生素 B1】	+44.25-4.5 Vitamin B2【維生素 B2】
	+59.5-39 Vitamin B3【維生素 B3】	+61-59.2 Vitamin B4【維生素 B4】	+62-55.9 Biotin【維生素B7】
	+5-72 Brix【糖度】	+52-75 Carbon【碳】	+82-42 Salts【鹽分】
	+69-35 Vitamin C【維生素C】	+26-96 Pantothenic【泛酸】	+36-31.25 Acetic Acid【醋酸】
	+56-44.5 Propionic【丙酸】	+37-32 Butyric【丁酸】	+41.5-19.75 Cellulose【纖維素】
	+24-21.25 All Amino【氨基酸（全 部）】	+38.5-27 Alanine【丙氨酸】	+18.25-21.5 Arginine【精氨酸】

主程式 （Main Programs）	內容		
動物健康 IDF 癥型 12 Animal Health IDF Patterns 	+15.5-26.5 Asthreonine Acid【異白胺酸前驅物】	+47.75-35.25 Aspartic Acid【天冬氨酸】	+38.75-38 Cystine【胱氨酸】
	+22.75-31.25 Glutamic Acid【谷氨酸】	+35.75-45 Glycine【甘氨酸】	+34-84 Acid【酸性】
	+26-41 Alkaline【鹼性】	+23-23.75 Lysine【賴氨酸】	+13.5-18 Methionine【蛋氨酸】
	49.25-49.25 Poison Chemical Index【化學毒性指標】	+38.75-28.75 Poison Drug Index【藥物毒性指標】	48.75-48.75 Poison Metal Index【金屬毒性指標】
	58.5-58.75 Poison Serum Index【血清毒性指標】	28.25-49.25 Poison Vaccine Index【疫苗毒性指標】	16-100 Aluminium【鋁】
	41-100 Nickel【鎳】	52-100 Arsenic【砷】	80-100 Lead【鉛】
	84.6-100 Mercury【汞（水銀）】	63-61 Chlamydia【披衣菌】	19-100 Parasites/Worms【寄生蟲/蛔蟲】
	91-61 Leptospirosis【細螺旋體病毒】	+68-46 Milk Production【奶製品】	+71-73 Butter Fat【奶油脂肪】
	+77-84 All Stomach【胃（所有胃）】	+21.5-35.5 Rumen【瘤胃（第一胃）】	+41.5-38.1 Omasum【瓣胃（第三胃）】
	+43.5-32 Reticulum【胃部網狀組織】	+37.5-26 Abomasum【皺胃（第四胃）】	
移除儀器的 X 光汙染 13 X-Ray Program 100	Remove X-Ray Radiation From Q.s.e. 【移除儀器上之海關 X 光射線輻射汙染】		

09.5-31.7 Elf【超低頻輻射】	52.25-5 Elf【超低頻輻射】	43-28 Aura Distortion【靈光扭曲】
+37-22 Aura Coordination【靈光協調度】	+26-41 Alkalinity【鹼化度】	+34-84 Acidity【酸化度】
+82-42 Sodium【鈉】	37-93 Chlorine【漂白劑（氯）】	+44.5-55 Performance【效能表現】
+43.5-90 Potential Performance【潛在效能表現】	+11-49 Reserve Energy【儲備能量】	+12-22 White Light【白光】
+42-92 Chromium【鉻】	+36-56 Crown Chakra【頂輪】	+16-28 Pineal Gland【松果體】
+10-60 Brow Chakra【眉心輪】	+11-82 Brain【腦】	+18-12 Eyes【眼睛】
+06-87 Pituitary Gland【腦下垂體】	+74-65 Anterior Pituitary Gland【前腦下垂體】	+56-23 Posterior Pituitary Gland【後腦下垂體】
+05-62 Nervous System【神經系統】	+39-24 Parotid Gland【腮腺】	+28-37 Throat Chakra【喉輪】
+06-81 Thyroid Gland【甲狀腺】	+86-04 Parathyroid Gland【副甲狀腺】	+92-83 Lungs【肺臟】
+60-66 Heart Chakra【心輪】	+02-76 Heart【心臟】	+59-77 Thymus Gland【胸腺】
+02-98 Aorta【大動脈】	+08-05 Vagus Nerve【迷走神經】	+23-25 Chlorophyll【葉綠素】
+35-92 Bone Marrow【骨髓】	+44-41 Lymphatics【淋巴管】	+67-16 Solar Plexus Chakra【太陽神經叢輪】
+09-70 Pancreas【胰腺】	+36-35 Islets Of Langerhans【蘭格罕氏島（胰島）】	+17-29 Liver【肝臟】
+45-29 Left Lobe【左顳葉】	+13-64 Gallbladder【膽囊】	+77-84 Stomach【胃】

主程式 （Main Programs）	內容		
常用的一百個 等化校正 14 100 Tunings 	+21-69 Ileocecal Valve【迴盲瓣】	+08-72 Colon【結腸】	+16-25 Duodenum【十二指腸】
	+03-08 Appendix【闌尾】	+11-41 Muscle【肌肉】	+25-23.5 Skin【皮膚】
	+59-92 Female Breasts【女性 乳房】	+66-22 Sacral Chakra【臍輪】	+04-95 Spleen【脾臟】
	+39-30 Bladder【膀胱】	+05-91 Prostate【前列腺】	+66-56 Root Chakra【海底輪】
	+03-82 Kidneys【腎臟】	+03-09 Adrenals【腎上腺】	+33-39 Cortex【大腦皮質】
	+28-23 Medulla【延髓】	+39-94 Testes（M）【睪丸】	+03-54 Ovaries（F）【卵巢】
	+10-61 Uterus【子宮】	+00-96 Coccyx【尾骨】	+85-01 Rectum【直腸】
	+00-06 Pacchinonian Bodies 【巴奧尼氏小體】	2-100 Virus【病毒】	3-100 Polio【脊髓灰質炎】
	4-100 Pneumonia/Malaria【肺 炎/瘧疾】	5-100 Acidosis/Swelling【酸 中毒/腫脹】	9-100 Fungus【霉菌】
	10-100 Undulant Fever【反覆 發燒】	15-100 Strepococcus【鏈球菌】	17-100 Poisons【毒素】
	19-100 Parasites/Worms【寄生 蟲/蛔蟲】	20-100 Syphilis【梅毒】	21-100 Formaldhyde【甲醛】
	22-100 Hypertonicity【過度緊 張/抽筋】	30-100 Carcinoma【癌】	34-100 Staphlococcus【葡萄球 菌】
	40-100 Congestion【擁塞/過剩】	42-100 Tuberculosis【肺結核】	46-100 Influenza【流行性感冒】
	50-100 Anemia【貧血】	53-100 Toxicity【毒性】	55-100 Inflammation【發炎】

60-100 Strep【鏈球菌】	62-100 Bacillus Coli【比菲德氏菌】	38.75-100 Psora【疥瘡】
77-100 Hypertonicity【過度緊張/抽筋】	82-100 Algae【藻類】	90-100 Fibroid Tumor【子宮肌瘤】
16-100 Aluminium【鋁】	41-100 Nickel【鎳】	52-100 Arsenic【砷】
80-100 Lead【鉛】	84.6-100 Mercury【汞（水銀）】	3-23 Neurasthinia【神經衰弱】
5-70 Diabetes【糖尿病】	10-81 Menopause【絕經期】	26-31 Hypoglycemia【低血糖】
35-39 Radioactive Fallout【放射性微粒】	49.25-49.25 Chemical Poison Index【化學毒性指標】	+38.75-28.75 Drug Poison Index【藥物毒性指標】
48.75-48.75 Metal Poison Index【金屬毒性指標】	58.5-58.75 Serum Poison Index【血清毒性指標】	28.25-49.25 Vaccine Poison Index【疫苗毒性指標】

+9-49 General Vitality【活力度】	+34-84 Acid【酸性】	+26-41 Alkaline【鹼性】
40-64 Mineral Deficiencies【礦物質不足】	15.5-17.5 Mineral Imbalance【礦物質不均衡】	+32.5-16.5 No3 Nitrate【亞硝酸鹽氮】
+22-32 Nh4 Ammonia Nitrite【硝酸銨】	+88-100 No2 Nitrite【硝酸鹽氮】	+65-20 Potassium【鉀】
+35-79 Se	+77-94 Sulfur【硫】	+92-62 Phosphate【磷酸鹽】
+24-4 Calcium【鈣】	+30.5-67 Potash【鉀肥】	+27-13 Magnesium【鎂】
+73-71 Manganese【錳】	+49-27 Iron【鐵】	+53-41 Zinc【鋅】
+75-32 Copper【銅】	+66.1-0 Iodine【碘】	+48.7-0 Selenium【硒】

主程式 (Main Programs)	內容		
礦物質 與維生素 15 Minerals And Vitamins (50)	+50-51 Vitamin Balance【維生素平衡度】	58-45 Vitamin Deficiencies【維生素不足度】	+92-36 Paba【對氨基苯甲酸】
	+62-55.9 Biotin【維生素B7】	+26-96 Pantothenic【泛酸】	+36-31.25 Acetic Acid【醋酸】
	+24-21.25 All Amino【氨基酸（全部）】	+86-24 Vitamin A【維生素A】	+57-58 Vitamin A1【維生素A1】
	+43-41 Vitamin A2【維生素A2】	+32-54 Vitamin B【維生素B】	+61.25-56.25 Vitamin B1【維生素B1】
	+44.25-4.5 Vitamin B2【維生素B2】	+59.5-39 Vitamin B3【維生素B3】	+61-59.2 Vitamin B4【維生素B4】
	+39.5-39.5 Vitamin B4【維生素B5】	+26-47 Vitamin B6【維生素B6】	+78.5-58.75 Vitamin B12【維生素B12】
	+20-0 Vitamin B12【維生素B15】	+66-26.5 Vitamin B12【維生素B17】	+69-35 Vitamin C【維生素C】
	+32-53 Vitamin D【維生素D】	+62.5-22.75 Vitamin D1【維生素D1】	+25-32 Vitamin D2【維生素D2】
	+30.5-26 Vitamin D3【維生素D3】	+38.75-35.4 Vitamin D4【維生素D4】	+46.2-4.2 Vitamin E【維生素E】
	+76-79 Vitamin E【維生素E】	+57-32.5 Vitamin F【維生素F】	+70-84 Vitamin F【維生素F】
	+29.8-34.5 Vitamin G【維生素G】	+85-81 Vitamin G【維生素G】	+54.5-21.75 Vitamin H【維生素H】
	+19.5-30 Vitamin K【維生素K】	+20.75-22.5 Vitamin K【維生素K】	+30.25-23.5 Vitamin P【維生素P】
	+39.6-40.2 Vitamin T【維生素T】		

+13314571 Balance Tunings If Appropriate【執行適當的等化】	+13311311 Stop Balancing When Balanced【停止執行已平衡的等化校正】	+13318441 Balance Gently To Avoid Crisis【緩和等化避免危害】
+39585957 Eliminate Barriers【移除障礙】	+55585696 Eliminate Blockages【移除阻礙】	+5241999 Focus【專注力】
+35135861 Include All Approp Tunings【含全部適合等化】	+55419111 Perform Precon-Dition Balancing【進行有前提的等化校正】	+64715454 Heal The Earth【地球療癒】
+66855927 Balance The Environment【環境平衡】	+59991115 General Balance【一般性平衡】	+56581551 Eliminate Radiation【移除輻射汙染】
+94244595 Aura Balance【靈光平衡】	+53089805 Subtle Body Coordination【精微主體協調】	+90627558 Chakra Balance【脈輪平衡】
+75150558 Miasm Flow【遺傳訊息脈流】	+32375258 Use Miasm Beneficially【有利的遺傳訊息】	+58930409 Coordination【協調性】
+1005875 Support【支持／支援】	+30098931 Relax【放鬆】	+25056378 Nostr
+59503157 Psychological【心理】	+58513545 Eliminate Addiction【移除成癮性】	+57775581 Pastlives【前世業力】
+57775522 Nohin	+49935927 Nohbk	+57775982 Thslf
+55225522 No Interferences【無干擾來源】	+54576099 Awareness【覺醒力】	+91995458 Life Force【生命力】
+91995641 Promote Subtle Energy Harmony【精微能量和諧力】	+91994549 Spiritual Harmony【心靈和諧度】	+51085737 Higher Consciousness【高度覺知力】
+10006099 Cosmic Consciousness【廣大無邊的】	+10051494 Enlightenment【開悟／覺知】	+55886611 Vitality【活力度】

主程式 （Main Programs）	內容		
靜態程式 16 Stasis Program 	+55585415 Increase Mental Vitality【提升精神活力】	+55585455 Increase Phys. Vitality【提升身體活力】	+55588496 Polarity【吸引力度】
	+15015867 Integrity【誠信度】	+85517886 Understanding【理解度】	+20071445 Forgiveness【饒恕】
	+53027967 Love【大愛】	+55558158 White Light【白光】	+50092378 Instr
	+13315886 Chi【氣】	+55550096 North【北】	+55559055 East【東】
	+55551805 South【南】	+55552706 West【西】	+54545460 Air【風】
	+54545187 Fire【火】	+54548454 Water【水】	+1514541 Homeopathic Arnica Healing【同類療法 Arnica】
	+31526451 Rescue Remedy Healing【急救用同類製劑】	+56885415 Color【顏色】	+54154541 Homed【歸屬感】
	+57454545 Alkop	+58496886 Clear Lymphatic System【清潔淋巴系統】	+40522545 Spine【脊椎】
	+45795458 Eliminate Bacteria【移除細菌】	+23545878 Eliminate Allergies【移除過敏】	+63405815 Eliminate Parasites【移除寄生蟲】
	+55585257 Immune System【免疫系統】	+10891554 Allow Proper Sleep And Rest【適當睡眠及休息】	+55588858 Youth【年輕】
	+55775648 Ndeco	+55585458 Cell Reprogram【細胞程式重設】	+55585845 Cell Regenerate【細胞再生】
	+55905133 Rejal	+55905810 Remdk	+55905133 No Control Lines【消除靈界控制線】

靜態程式 16 Stasis Program (100)	+55901576 No Implants【移除外界植入】	+97565656 Blessings【祝福】	+55845601 No Def【無陰暗乙太力】
	+57761551 No Ail【無疾病】	+69754048 No Spl	+54584584 Balance Unknowns And Hiddens【等化未知與隱藏之項目】
	+51585455 Prevent Any Overstimulation【避免調整過度】	+77311323 Post Condition Balance【前世狀態平衡】	+59955995 Give Total Protection【給予完全保護】
經期／絕經 17 Pms/Menopause (100)	+55429967 Pms1【經前綜合症一】	+55379845 Pms2【經前綜合症二】	+54519978 Mno1【經絕期一】
	+54679457 Mno2【經絕期二】		
移除負能量 18 Remove Neg. energy (100)	Remove All Negative Energy 【移除全部負能量】		
操作者的自我清除（負值） 19 Neg.operator Clearing Code (0)	43-28 Aura Disturbances【靈光擾動】	95-100 Negative Polarity【負極能量】	06-12 Negative Emotions【負面情緒】
	40-54 Negative Etheric Influences【負面乙太影響】		
操作者的自我清除（正值） 20 Pos.operator Clearing Code (100)	+37-22 Aura Coordination【靈光協調度】	+42-65 Balance Negativity【平衡負極能量】	+48-27 Release Negativity【釋放負極能量】
	+30-65 Balance Positivity【平衡正極能量】	+90-62 Balance Energy Center【平衡能量中心】	+12-22 White Light【白光】

(column.02) 生物場域程式（Biofield Programs）

生物場域程式 （Biofield Programs）	內容		
引入端淨化 01 Intake Clearances (50)	+100-0 Energy Purity【能量極性】	13-78 Interferences A【干擾源A】	29-80 Interferences B【干擾源B】
	50-57 Interferences C【干擾源C】	70-79 Interferences D【干擾源D（靈障）】	53-28 Interfering Fields【雜項干擾場域】
	39-59 Barriers To Rapport【訊息屏障】	+9-49 General Vitality【一般活力度】	+43-28 Balance Alkaline Acid【酸鹼平衡度】
	+37-93 Balance Sodium Chloride【鹽分平衡度】		
生物場域系統 +Biofield System (100)	+100-00-100 Polarities【能量極性】	+91-41 Subtle Bodies Innate Intelligence【精微體先天訊息】	+906 2775 Energy Centers/Chakras【脈輪（能量中心）】
	+77.9-82 Directional【定向】	+89-98 Meridians【經脈】	+29-35 Elements【五行元素】
心理系統 +Psychology System (100)	+620-745 Primary【主要的】	+1501505 Positive Emotions【正面情緒】	
細胞系統 +Cellular System (100)	+979-989 Cell【細胞】	+4822 Cells Of The Body【體內細胞】	+885-968 Cytoplasm【細胞質】
	+964-972 Nucleus【細胞核】	+82.4-89.5 Cell Salts【細胞鹽類】	+11-100 Reserve Vitality【庫存活力】

營養 / 代謝系統 +Nutritional Metabolic System (100)	+43-28/37-93 Metabolic Balance【營養平衡】	+6789 Gases【氣體】	+84.6-93.5 Acids【酸性】
	+4095 Sugars【糖分】	+44-33/4515 Proteins/Amino Acids【蛋白質 / 氨基酸】	+30339 Vitamins【維生素群】
	+64-24.5 Minerals【礦物質】	+885-469 Supplements【營養補充品】	

神經系統 +Neurological System (100)	+11-82 Brain【腦部】	+37-26 Frontal Lobes【前額葉】	+99-79 Cortex【皮質層】
	+9975 Forebrain【前腦】	+3333 Midbrain【中腦】	+3432 Hindbrain【後腦】
	+00-15 Pons【腦橋】	+28-13 Medulla Oblongata【延髓】	+58-82 Meninges【腦膜】
	+5297 Cerebrospinal Fluid【腦脊髓液】	+5-62 Nerves【神經】	+2208 Cranial Nerves【顱神經】
	+39.5-27.5 Vagus Nerve【迷走神經】	+40.5-22 Spinal Cord【脊髓】	+3367 Nerve Plexus【神經叢】
	+31.75-27.75 Peripheral Nerves【周邊神經】		

內分泌系統 +Endocrine System (100)	+259 Hormones【荷爾蒙】	+68-97 Pineal【松果體】	+40.5-34.5 Thalamus【丘腦】
	+18-42 Hypothalamus【下視丘】	+06-87 Pituitary【腦下垂體】	+74-65 Anterior【前腦下垂體】
	+56-23 Posterior【後腦下垂體】	+06-81 Thyroid【甲狀腺】	+86-04 Parathyroid【副甲狀腺】
	+86-04 Parathyroid【副甲狀腺】	+59-77 Thymus【胸腺】	+09-70 Pancreas【胰腺】
	+03-09 Adrenals【腎上腺】		

生物場域程式 (Biofield Programs)	內容		
血液學系統 +Hematological System (100)	+9.5-48.5 Blood【血液】	+36-17 Lymph【淋巴】	+04-95 Spleen【脾臟】
免疫系統 +Immune System (100)	+13-29 Non-Allergenic【無過敏現象】	+59.7-67.4 Non-Specific-Bio【無特定生物反應】	+72.1-84.89 Cell Mediated- Bio【細胞】
	+98.5-72.66 Antibodies, Antigen-Hormonal【身體抗體/抗原】		
眼科系統 +Ophthalmological System (100)	+35-18 Eyes【眼睛】	+03.8-02.8 Vision【視力】	
耳鼻喉科系統 +Otorhino-Laryngological (100)	+94-24 Ears【耳朵】	+6766 Hearing【聽力】	+51-53 Nose【鼻子】
	+29-33 Sinuses【鼻竇】	+76-37 Throat【喉部】	+16-77 Esophagus【食道】
	+24-07 Pharynx【咽部】	+75-16 Tonsils【扁桃腺】	+32-16 Larynx【喉頭】
	+31.8-75.4 Trachea【氣管】		
口腔/牙科系統 +Oral/Dental System (100)	+11-81 Mouth【口部】	+34-60 Tongue【舌頭】	+39-24 Parotids【腮腺】
	+04-99 Teeth【牙齒】	+03-25 Gums【牙齦】	+43-42 Jaw【顎】
胸腔科系統 +Pulmonary System (100)	+92-83 Lungs【肺部】		

心血管系統 +Cardiovascular System (100)	+20-70 Heart【心臟】	+02-98 Aorta【大動脈】	+16-14 Valves【心瓣膜】
	+82-71 Blood Vessels【血管】		

腸胃科系統 +Gastro-Intestnl System (100)	+31.3-22 Omentum【大網膜】	+77-84 Stomach【胃部】	+16-25 Duodenum【十二指腸】
	+00-82 Small Intestine【小腸】	+90-66 Cecum【盲腸】	+21-69 Ileocecal Valve【迴盲瓣】
	+03-08 Appendix【闌尾】	+22-90 Colon【結腸】	+50-12 Rectum【直腸】

肝膽科系統 +Hepatic/Biliary System (100)	+17-29 Liver【肝臟】	+13-64 Gallbladder【膽囊】	

腎臟/泌尿科系統 +Renal/Urologic System (100)	+03-82 Kidneys【腎臟】	+00-67 Ureters【輸尿管】	+39-30 Bladder【膀胱】
	+00-86 Urethra【尿道】	+90-66 Cecum【盲腸】	+21-69 Ileocecal Valve【迴盲瓣】

生殖系統 +Reproductive System (100)	+10-61 Uterus【子宮（F）】	+27.4-37.4 Cervix【子宮頸（F）】	+92-31 Vagina【陰道（F）】
	+59-92 Breasts【乳房（F）】	+62-54 Ovaries【卵巢（F）】	+05-91 Prostate【攝護腺（M）】
	+06-88 Penis【陰莖（M）】	+5.9-11 Testes/Gonads【睪丸/生殖腺（M）】	+04.5-100 Sexuality【性慾】

骨骼/肌肉系統 +Muscle/Skeletal System (100)	+11-41 Muscles【肌肉群】	+61-21 Connective Tissue【結締組織】	+79-52 Joints【關節】
	+25-22 Bones【骨頭】	+46-27 Spine【脊椎】	

生物場域程式 （Biofield Programs）	內容		
皮膚科系統 +Dermatologic System (100)	+59-25 Skin【皮膚】	+08.5-48 Facial【臉部】	+08-62 Hair【毛髮】
	+60.5-72.5 Nails【指甲】		
疼痛程式 Pain Program (0)	20-90 Pain Syndromes System【疼痛綜合症】	14.5-27 Everywhere【混身皆痛】	
感染系統 Infections (0)	67-52 Infections【感染現象】	55-100 Inflammations【發炎現象】	40-100 Congestion【腫脹現象】
	15-100 Septic Infection【化膿性感染】	35-100 Pus【膿】	23-100 Ulcers【潰瘍現象】
	50-81 Abscesses【膿脹現象】	61-100 Cysts【囊腫】	13-100 Tumors【腫瘤】
	63-61 Chlamydia【披衣菌】	54-100 Necrotic Tissue【壞死組織】	
細菌 Bacteria (0)	45-79.5 Bacteria【細菌】	60-60 Gram Negative（Typhoid）【傷寒】	65.5-40.5 Gram Positive（Staph & Strep）【鏈球菌/葡萄球菌】
	59-57 Aerobic Fevers【綠膿桿菌】	54-59 Mycobacteria（Tuberculosis）【結核桿菌】	50-70 Spirochete（Syphilis）【螺絲狀菌/梅毒】
	50-60 Anaerobic Toxins（Tetanus）【厭氧毒素（破傷風）】		
病毒 Viral (0)	01-65 Viral【病毒】	36-66 Arbovirus and Arenavirus【蟲媒/砂粒病毒】	22-44 Central Nervous System【中樞神經系統】

病毒 Viral (0)	50-66 Enteroviral【腸病毒】	45-56 Exanthematous【發疹】	26-50 Respiratory【上呼吸道 感染】
	82-68 Systemic【全身性】		

真菌與寄生蟲 Fungus And Parasites (0)	63-40 Fungus and Parasites 【真菌/寄生蟲】	80-79 Fungus Systemic【全身 性真菌感染】	05.5-100 Molds【霉】
	19-100 Parasites【寄生蟲】	59-19.5 Worms【蠕蟲】	59-32 Protozoal【原蟲】
	10.9-48.5 Nematodes【線蟲】	35-45.5 Trematodes【肝膽吸蟲】	

環境媒介 Environmental Agents (0)	70-62 Environmental Agents 【環境媒介】	38-41 Electromagnetic【電磁】	69-40 Radiation【輻射】
	706 2704 Physical Injury【肉體損傷】		

毒素/毒物/ 蟲害 Toxins/Poisons /Pests (0)	70-68 Toxins/Poisons/Pests 【毒素/毒物/蟲害】	44-100 Toxins【毒素】	901 Poison,Toxins【毒物/ 毒素】
	38.75-28.75 Drug Poisons【藥物毒 害】	48.75-48.75 Metal Poisons【重金屬 毒害】	49.25-49.25 Chemical Poisons【化 學毒害】
	26-26 Pests【蟲害】	47-13 Food Poisoning【食物 中毒】	18-36 Plants Insecticides【植 物殺蟲劑】
	98-20 Detoxification【解毒】	158 5455 Overstimulation【過度 調整】	

脈輪程式 (Chakra Programs)	內容		
頂輪 +Crown Chakra (100)	+36-56 Crown Chakra【頂輪】	+0-2 Cowper's Glands（m） 【尿道球腺】	+0-4 Cysitc Ducts【膽囊管】
	+0-60 Celiac【腹腔內】	+8-90 Trachea【氣管】	+11-62 Nerves【神經】
	+11-82 Brain【腦部】	+15-63 Adenoids【腺樣體】	+19-40 Face【臉部】
	+28-27 Spinal Cord【脊髓】	+29-40 Neck【頸部】	+31-91 Peritoneum【腹膜】
	+46-28 Spine【脊椎】	+75-16 Tonsils【扁桃腺】	+86-4 Parathyroid【副甲狀腺】
	+92-83 Lungs【肺部】		
眉心輪 +Brow Chakra (100)	+10-60 Brow Chakra【眉心輪】	+0-34 Cerebrum【大腦】	+0-45 Third Ventricle【第三 腦室】
	+3-9 Adrenals【腎上腺】	+19-51 Cerebellum【小腦】	+59-77 Thymus【胸腺】
	+68-97 Pineal【松果體】	+74-65 Anterior Pituitary【腦 下垂體前葉】	
喉輪 +Throat Chakra (100)	+28-37 Throat Chakra【喉輪】	+0-5 Perineum【會陰】	+0-46 Ileum【迴腸】
	+0-51 Peyer's Glands【派亞 氏腺體】	+0-58 Epiglottis【會厭軟骨】	+0-82 Intestines【腸道】
	+0-85 Membrane of Corti【柯 蒂氏器】	+3-8 Appendix【闌尾】	+9.5-48.5 Blood【血液】
	+16-77 Esophagus【食道】	+18-42 Hypothalamus【下視丘】	+18.5-11.5 Pyloric Valve【幽門瓣膜】

喉輪 +Throat Chakra (100)	+19-20 Nose【鼻子】	+24-55 Larynx【喉頭】	+29-33 Sinus【鼻竇】
	+39-75 Sigmoid Flexure【乙狀結腸】	+43-28 Bartholin's Gland（F）【巴氏腺（女）】	+66-45 Cecum【盲腸】
	+67-93 Thorax【胸腔】	+69-37 Eustachian Tubes【耳咽管】	+76-37 Throat【喉部】
	+94-24 Ears【耳朵】		

心輪 +Heart Chakra (50)	+66-60 Heart Chakra【心輪】	+0-48 Tyson's Gland（M）【泰森氏腺】	+0-70.5 Sciatic【坐骨】
	+0-93 Sweat Glands【汗腺】	+3-82 Kidney【腎臟】	+6-87 Pituitary【腦下垂體】
	+9-70 Pancreas【胰腺】	+13.5-64 Gallbladder【膽囊】	+19-11 Mesentery【腸繫膜】
	+21-69 Ileocecal Valve【迴盲瓣】	+21-92 Bone Marrow【骨髓】	+24-07 Pharynx【咽頭】
	+29-31 Hemoglobin【血紅蛋白】	+30-69 Heart【心臟】	+31-94.5 Serous Membrane【漿膜】
	+36-17 Lymph Glands【淋巴腺】	+40-73 Bile Duct【膽管】	+49-79 Parotid【腮腺】
	59-80 Salivary Glands【唾液腺】	+59-80 Mouth【口部】	+59-92 Mammary Glands（F）【乳腺（女）】
	+81-51 Mucous Membrane【口腔黏膜】	+95-25 Teeth【牙齒】	

太陽神經叢輪 +Solar Plexus (100)	+16-67 Solar Plexus Chakra【太陽神經叢輪】	+0-23 Fallopian Tubes（F）【輸卵管（女）】	+0-99 Epidermis【表皮】

脈輪程式 (Chakra Programs)	內容		
太陽神經叢輪 +Solar Plexus (100)	+4-95 Spleen【脾臟】	+06-81 Thyroid【甲狀腺】	+17-29 Liver【肝臟】
	+20-67 Blood Plasma【血漿】	+21-61 Connective Tissue【結 諦組織】	+35-18 Eyes【眼睛】
	+37-94.1 Testes（M）【睪丸 （男）】	+58-26 Prostate（M）【攝護腺 （男）】	+62-54 Ovaries（F）【卵巢 （女）】
	+84-77 Stomach【胃】	+90-22 Bowel【腸】	+92-31 Vagina（F）【陰道 （女）】
臍輪 +Sacral Chakra (100)	+22-66.5 Sacral Chakra【臍輪】	+0-13 Coccyx【尾骨】	+0-16 Thalamus【丘腦】
	+0-97 Epididymus（M）【附睪 （男）】	+02-81.5 Aorta【大動脈】	+08-05 Vagus Nerve【迷走神 經】
	+16-25 Duodenum【十二指腸】	+20-62 Bladder【膀胱】	+22-90 Colon【結腸】
	+36-35 Islets of Langerhans【蘭格罕氏 島（胰島）】	+55.5-59.5 Capillaries【微血管】	+61-92 Ligaments【韌帶】
	+62-14 Arteries【動脈】	+62-75 Pericardium【心包】	+74-63.9 Bronchial Tubes【支氣 管】
	+90.5-35 Veins【靜脈】		
海底輪 +Root Chakra (100)	+56-26.5 Root Chakra【海底輪】	+0-47 Sphincter【括約肌】	+0-50 Vas Deferens（M）【輸 精管（男）】
	+3-81 Clitoris（F）【陰核（女）】	+6-88 Penis（M）【陰莖（男）】	+28-15 Anus【肛門】
	+50-12 Rectum【直腸】	+84-22 Uterus（F）【子宮（女）】	

量子空間等化儀特點與內建軟體清單

Quantum Space Equalizer Features and Built-in Software List

Quantum Space Equalizer（Q.S.E.）軟體清單

（column.01） 台灣發展的主程式及副程式

台灣發展主程式（大綱）	副程式
場域淨化系統	淨化環境（Initial Tests）；引入端淨化（Intake Clearances）；操作者清除碼（Operator Clearing Code）；儀器淨化（Remove X－Ray Radiation From Q.S.E.）。
系統自動檢測專區	裕明中醫－藥方集錦；中醫－血瘀與氣瘀檢測；引入端淨化（Intake Clearances）；產品對身體影響；金屬毒害（Metal Poisons）；事物判定；尺寸大小判定；位置判定；產婦或遺傳相關檢測；眼睛視覺相關（Ophthalmologic System）；肝臟相關；膽囊相關；心臟相關；肺臟相關；免疫系統相關；腎臟相關；消化道相關；呼吸道相關；內分泌相關；排泄道相關；金融投資系統相關。
中醫氣血處理系統	中醫－精氣處理；中藥－劑型；中醫－各科辨證；中醫－治療學；中醫－形體和官竅；身體構造；中醫－病因學；中醫－病機；中醫－骨傷科；中醫－祝由理論。

台灣發展主程式（大綱）	副程式
中醫經脈穴位 （Meridians）	足少陽膽經（子時，23 ～ 01）；足厥陰肝經（丑時，01 ～ 03）；手太陰肺經（寅時，03 ～ 05）；手陽明大腸經（卯時，05 ～ 07）；足陽明胃經（辰時，07 ～ 09）；足太陰脾經（巳時，09 ～ 11）；手少陰心經（午時，11 ～ 13）；手太陽小腸經（未時，13 ～ 15）；足太陽膀胱經（申時，15 ～ 17）；足少陰腎經（酉時，17 ～ 19）；手厥陰心包經（戌時，19 ～ 21）；手少陽三焦經（亥時，21 ～ 23）；任脈（Conception Vessel）；督脈（Governing Vessel）；雙側經脈處理。
中醫經脈穴位陰陽 調理系統	足少陽膽經（子時，23 ～ 01）；足厥陰肝經（丑時，01 ～ 03）；手太陰肺經（寅時，03 ～ 05）；手陽明大腸經（卯時，05 ～ 07）；足陽明胃經（辰時，07 ～ 09）；足太陰脾經（巳時，09 ～ 11）；手少陰心經（午時，11 ～ 13）；手太陽小腸經（未時，13 ～ 15）；足太陽膀胱經（申時，15 ～ 17）；足少陰腎經（酉時，17 ～ 19）；手厥陰心包經（戌時，19 ～ 21）；手少陽三焦經（亥時，21 ～ 23）；任脈（Conception Vessel）；督脈（Governing Vessel）；雙側經脈處理。
BHU 系列同類製劑	BHU 系列同類製劑。
治療相關應用項目	裕明中醫－特殊訊息、能量療法專區；草藥方面；激素（荷爾蒙類）；補充品類；食材類；雜項－中藥類；溫補－中藥類；西藥類；各主要部位／器官對症處理；氣血方面；外用藥物／保養品；初生兒相關；Environmental Medication；脊椎各節對應疾病檢測；肝炎檢測。
性靈檢測方面	修行方面；神佛方面；五鬼處理系統。

業力處理系統（一般）	業力障礙調理系統（普通）。
業力處理系統（深入）	業力障礙調理系統（深入）。
業力處理系統（深入）	脊椎校正處理系統（完整）；脊椎校正處理系統（簡化）。
光療法	長波紫外線光（Level of UV ～ A light 315 ～ 379 nM）；短波紫外線光（Level of UV ～ B light 280 ～ 314 nM）；超短波紫外線光（Level of UV ～ C light 100 ～ 279 nM）；紫光（Level of Violet Light 380 ～ 420 nM）；靛青光（Level of Indigo Light 421 ～ 449 nM）；藍光（Level of Blue Light 450 ～ 475 nM）；青光（Level of Cyan Light 476 ～ 495 nM）；綠松光（Level of Turquoise Light 496 ～ 505 nM）；綠光（Level of Green Light 506 ～ 570 nM）；檸檬光（Level of Lemon Light 571 ～ 574 nM）；黃光（Level of Yellow Light 575 ～ 589 nM）；橙光（Level of Orange Light 590 ～ 619 nM）；深紅光（Level of Scarlet Light 660 ～ 665 nM）；紅光（Level of Red Light 620 ～ 659 nM And 666 ～ 750 nM）；紅外光（Level of Infrared Light 751 ～ 2500 nM）；洋紅光（Level of Magenta Light 440 nM）。
巴赫花精	巴赫花精（Bach Flower Essence）。
快樂花精－羅伊、馬汀納	快樂花精－第 I 系列：十二種原型平衡系列；快樂花精－第 II 系列：十二種療癒系列；快樂花精－第 III 系列：十二種情緒支援系列。
古代文明－花精系列	古代文明系列。

台灣發展主程式（大綱）	副程式
阿育吠陀（Ayurveda）七脈輪調節精油	阿育吠陀（Ayurveda）七脈輪調節精油。
脈輪檢測系統	開啟脈輪系統（不可以單獨單項執行）；脈輪檢測對應器官檢測系統。
宇宙十二脈輪檢測	宇宙十二脈輪檢測；宇宙星際條碼（Cosmic Chakra）。
凱龍精素（花精）	森林精素（Aeolian Essences）；單一精質精素（AESC Simples）。
精油集錦（Essential Oils）	精油集錦（Essential Oils）；二十四節氣系列複方精油；生命靈數系列複方精油；高靈連接調和精油（AroMandalas Essential Oil Blends）；芳香調理心情套裝（Emotional Aromatherapy）。
風水地理專用程式	風水地理專用程式。
極緻–多重添加物檢測系統	塑化劑檢驗專用程式；順丁烯二酸（Maleic Acid）檢測；不可檢出動物用藥，含違法抗生素及相關用藥檢測；油品相關檢測；食物中有毒成分檢驗；腦部損害程度檢測；其他毒物檢測；癌症相關檢測；人類乳突病毒檢測；農藥相關檢測；農業產品及相關食品檢測；關於水的檢測；流行性疾病檢測及處理；各類過敏物檢測；主要重金屬檢測。
多重過敏原檢測系統	過敏物檢測系統；食物過敏原檢測。
人類基因檢測與治療系統	人類染色體檢測與治療系統；人類基因檢測與治療系統（更細有四十六個）。
輻射汙染處理程式	輻射汙染。

農業相關校正	農業相關校正。
有機農業相關應用專案	有機農業酵素應用專案；有機農業作物保鮮與催熟；生物動力農法。
動物檢測與治療	動物健康檢測；動物常見疾病；小動物防治（驅趕、威嚇）。
鈦生量子訊息水機相關檢測	水機水質檢測；水機濾心狀態檢測；萬用水質淨化劑（Adya Clarity）。
特殊應用程式	馬桶阻塞（疏通程式）；蝴蝶效應相關應用；中藥；能量相關產品處理應用。
阿茲海默症療癒與治療	阿茲海默症療癒與治療。
Human Herpes Virus, HHV Testing System	I組，dsDNA，皰疹病毒科－人類皰疹病毒；皰疹病毒科（Herpesviridae）。
數字密碼療癒系統	數字密碼療癒系統。
Homeopathics Complex Remedy	AF － 200治療流行性感冒、一般感冒、鼻炎；Tonsilat咽喉痛、扁桃腺炎。

(column.02) 優化項目的主程式及副程式

優化項目（大綱）	副程式
超優異人類落地處理	自閉症兒童基礎處理，病毒類優先移除（1）；自閉症兒童基礎處理，現狀肝經調理（2）；自閉症兒童基礎處理，現狀海底輪調理（3）；自閉症兒童基礎處理，現狀三焦經調理（4）；自閉症兒童

優化項目（大綱）	副程式
超優異人類落地處理	基礎處理，現狀腎精調理（5）；腦部神經元傳導修護、逆轉。
體內汙染移除系統	虛擬接地；硬體模擬淨化；空汙後遺症處理；生物微電流紊亂；潛在輻射汙染移除；食物中毒（外食族必備，完整版）；順丁烯二酸（Maleic Acid）；疫苗注射後遺症。
環境相關處理	環境空氣霧霾淨化；蚊子控制；異味移除。
淨化程序（自動）	引入端淨化（自動）；引入端淨化（原始）；潛在輻射汙染移除。
急救類	頭部問題導致昏迷；心臟無力；心絞痛；出血性膀胱炎；出血熱急性腎功能衰竭；急性出血；中暑；任何外傷之緊急處理；任何骨折之緊急處理；任何胃部重創之緊急處理；泛用型止痛用；急性皮膚過敏；強力化痰。
身體保健	氧氣；中醫方式－單純補氣；補充維生素C；補充維生素D；補充維生素E；補充維生素B群；補充綜合維生素；梅精（梅丹）；酵素補充用；健胃整腸，排腸毒；促進生長（青春期前）；熬夜後遺症處理；移除基改食物特性，恢復食物的本源特性；移除食物中的非天然之人工添加物，以及其相關延伸毒素；預防新冠病毒用；酒精中和器；指甲健康；齲齒（蛀牙）；分解脂肪及包在脂肪裡面的毒素；開刀或重大疾病後，啟動修護含黏膜系統；感染濾過性病毒後遺症、便祕、腺病毒36；打嗝；分解體內殘留防腐劑毒素；移除麵粉內不明添加物所導致的身體不適；移除基因改造大豆及相關製品所導致的身體不適；移除身體內的反式脂肪殘留後遺症；食物中毒、不一定有症狀（外食族必

身體保健	備）；眼睛相關問題保養用；憂鬱症、預防癌症（人人需要）；胃食道卡住、吞嚥困難、胃酸逆流（預防食道癌）；瑤族泡腳方。
血型誤食毒性處理	A型血－食物毒性移除；A型血（常見疾病，預防用）；B型血－食物毒性移除；B型血（常見疾病，預防用）；O型血－食物毒性移除；O型血（常見疾病，預防用）；AB型血－食物毒性移除；AB型血（常見疾病，預防用）。
胺基酸類別	纈胺酸（Valine）；色胺酸（Tryptophan）；組胺酸（Histidine）；酪胺酸（Tyrosine）；丙胺酸（Alanine）；絲胺酸（Serine）；賴胺酸（Lysine）；甘胺酸（Glycine）；脯胺酸（Proline）；蘇胺酸（Threonine）；胱胺酸（Cystine）；谷胺酸（Glutamic Acid）；精胺酸（Arginine）；亮胺酸（Leucine）；蛋胺酸（Methionine）；異亮胺酸（Isoleucine）；苯基丙胺酸（Phenylalanine）；天門冬胺酸（Aspartic Acid）。
肉體方面	呼吸中止症；一般性骨折；肋骨的骨折；脊椎骨之骨折；手骨之骨折；腿骨之骨折；手指骨之骨折；腳指骨之骨折；時差調整；偏頭痛；頭頂痛；後腦痛；肩頸部痛；肩頸部痛（中西藥訊息混合）；落枕；喉嚨痛、咳嗽（中醫）；喉嚨痛、咳嗽（西藥治療）；咳嗽有痰；失聲；牙齦腫痛；牙齦出血；中醫理論－先天之氣；中醫理論－後天之氣；中醫理論－先天之精；中醫理論－後天之精；中醫理論－衛氣；中醫理論－營氣；習慣性便祕；中醫理論－心腎不交；中醫理論－溫腎健脾；中醫理論－溫腎納氣；中醫劑型－溫補劑；中醫劑型－祛風劑；中醫劑型－補益劑；中醫劑型－固澀劑；中醫劑型－祛痰劑；提高血氧濃度；胃痛；眩暈症；頭重；口腔潰瘍；健脾利濕（中藥處理）；消

優化項目（大綱）	副程式
肉體方面	化不良（吃太飽）；鼻塞；流鼻水；導致電器失常或損壞；提高對於儀器沾黏板的敏感度；胃部脹氣；發燒；排除全身的毒素；排除全身的毒素（精簡版）；食慾不佳；降低食慾；降低對蚊子的吸引力；蚊子叮咬後的皮膚後遺症處理；開刀後遺症處理；骨盆移位（移除體內陳舊感冒病毒）；水腫／腹水；四肢冰冷；下半身冰冷；下肢水腫；腳水腫；腿抽筋；人類染色體檢測與治療系統；帶狀皰疹（反覆發作）。
腸胃方面	胃痛；胃痛（壓力型疼痛）；胃部脹氣；消化不良（吃太飽）；提高食慾；降低食慾；習慣性便祕；腹瀉（絞痛）；腹瀉（不會痛）。
三高方面	高血壓（常見類型或是不知類型）；高血壓（痰濕類型高血壓）。
常見慢性病	高血壓－降壓專用；肝吸蟲症；脂肪肝；膽囊萎縮、肝囊腫；慢性肝炎；A型肝炎（甲型）（Hepatitis A）；B型肝炎（乙型）（Hepatitis B）；C型肝炎（丙型）（Hepatitis C）；C型肝炎（丙型）（Hepatitis C），西藥干擾素（Genotype 1b Without Cirrhosis）；C型肝炎（丙型）（Hepatitis C），西藥干擾素（Genotype 1a,1b）C型肝炎（丙型）（Hepatitis C），西藥干擾素（Genotype 4）C型肝炎（丙型）（Hepatitis C），西藥新型干擾素（不分型）；中風後遺症（一般性）；中風後遺症（單側行動不良專用）；心臟病；心臟、肺部、直腸異常；高血壓（簡易型）；高血壓（濕熱中暑型）；胃食道逆流（Heart Burn）；慢性胃痛；習慣性胃脹氣；第一型糖尿病；第二型糖尿病；第三型糖尿病；糖尿病處理（修護胰臟系統，調整體內血糖控制系統）；尿毒症（Uremia）；膽囊炎（結石）；習慣性便祕；痛

常見慢性病	風；手關節痛；五十肩；腳關節痛；全身關節痛；老人失智症；氣喘；視力不良；梅核氣；耳鳴（低頻音）；耳鳴（高頻音）；體內溼氣過重（中醫說法）；排除全身的毒素；癲癇症；口臭；通用型高血壓處理；高血壓（肩項強急、後腦筋強急）；高血壓（月經突然閉止）；高血壓（強降血壓誘發眩暈症）；高血壓引起之眩暈；高血壓（衄血）；高血壓（貧血型的）；高血壓（中風後）；高血壓（併發心臟病）；電磁波過敏症；前列腺（攝護腺）腫大；夜尿；長期失眠；巴金森氏症（Parkinson's Disease）；香港腳；灰指甲；胃下垂；面癱；暈車；痔瘡（內痔）；痔瘡（外痔）。
疼痛問題	頭痛；胃痛；頸痛；腰痛；針眼（麥粒腫）；五十肩痛；膝蓋痛。
免疫系統	類風濕性關節炎；紅斑性狼瘡；帶狀疱疹（俗稱生蛇）；先天性免疫不全症候群（AIDS）；急性皮膚過敏；發燒；通用型肺炎處理（含退燒處理）；花粉症；史蒂芬斯－強森症候群；多發性硬化症；口腔內潰瘍；喉嚨發炎疼痛。
血液方面	血液濃稠；提高血管彈性；血痣（體表小紅痣或紅色蜘蛛痣）。
流行性疾病	一般性病毒移除；阻斷病毒複製配方；中西藥合併抑制新冠病毒複製；人類乳突病毒處理，HPV；冠狀病毒疫苗（實驗中，無任何保證）；肺鼠疫（Pneumonic Plague）；新冠肺炎（NCP, Novel Coronavirus Pneumonia, COVID–19）；清冠一號；粵抗一號；肺部纖維化；心悸現象，感冒尚未發作；H6N1禽流感；H7N9流感；一般性流感；腸胃型感冒；神經性感冒；玫瑰疹（Roseola Infantum）；扁桃腺腫大；發燒；喉嚨有痰；喉嚨發炎；百日咳；

優化項目（大綱）	副程式
流行性疾病	打疫苗前準備，實驗中（無任何保證）；打疫苗後處理，實驗中（無任何保證）。
皮膚方面	急性皮膚過敏；汗斑；皮膚潰瘍；皮膚曬傷；蕁麻疹；嘴唇疱疹；生殖器疱疹；白斑（Vitiligo）；銀屑病（Psoriasis）；溼疹（Eczema）；牛皮癬；香港腳；粉刺（青春痘、痤瘡、尋常性痤瘡、暗瘡）；頭皮屑；腳氣（腳臭）；蚊子叮咬結界器（實驗中）。
眼部方面	眼疾；假性近視；飛蚊症；遠視；眼睛問題；青光眼；砂眼；針眼；眼睛抽慉。
重大疾病	抑制癌症蔓延（Suppress Cancer Spread）；術後調理身體用（一）；術後調理身體用（二）；乳癌；乳腺癌；乳癌基礎調理；乳癌心理層面基礎調理；肺癌；肝硬化；肝癌；胰腺癌；胃癌；攝護腺癌（前列腺癌）；直腸癌。
營養補充品	提高學習力；提神飲料一；提神飲料二；提神飲料三；提神飲料四；提神飲料五；提神飲料六；補鈣；補葡萄糖胺；皮膚美白用；抗衰老專用補充品；中藥材：北冬蟲夏草。
運動體能方面	強化腹肌。
中醫專用	中醫方式－單獨補氣；中醫方式－單獨補腎精；中醫氣血調整－中焦不通；中醫氣血調整－先天之氣；中醫氣血調整－後天之氣；中醫氣血調整－先天之精；中醫氣血調整－後天之精；中醫氣血調整－衛氣；中醫氣血調整－營氣；中醫氣血調整－心腎不交；中醫氣血調整－溫腎健脾；中醫氣血調整－溫腎納氣；中醫氣血調整－健脾利濕；中醫氣血調整－健脾利濕（中藥訊息加強版）；中

中醫專用	醫氣血調整－命門相火；中醫氣血調整－下虛上實，上下嘴唇明顯不同顏色；中醫氣血調整－吸聚之氣；中醫氣血調整－腎氣不固；中醫氣血調整－腎不納氣；中醫營衛調整－營衛失和，體內濕熱無法排出；中醫溼氣調整－痰飲（喉頭有痰、鼻涕等）；中醫溼氣調整－脾虛濕困（飯後精神不濟）；中醫體質調整－填補肝腎（經脈）；中醫體質調整－經常性中暑（濕熱型）；中醫經脈調整－疏通肝經（01～03）；中醫經脈調整－疏通肺經（03～05）；中醫經脈調整－疏通大腸經（05～07）；中醫經脈調整－疏通胃經（07～09）；中醫經脈調整－疏通脾經（09～11）；中醫經脈調整－疏通心經（11～13）；中醫經脈調整－疏通小腸經（13～15）；中醫經脈調整－疏通膀胱經（15～17）；中醫經脈調整－疏通腎經（17～19）；中醫經脈調整－疏通心包經（19～21）；中醫經脈調整－疏通三焦經（21～23）；中醫經脈調整－疏通背後腰部這一段；中醫證型調整－小柴胡湯證。
中醫專用－症型處理	發燒（腸胃炎）；聲音嘶啞症；肌肉痠痛；氣虛腎虧、氣機鬱滯；不孕症（腎虛型）；不孕症（血虛型）；不孕症（寒凝型）；不孕症（氣滯型）；不孕症（痰濕型）；不孕症（瘀積型）；小兒厭食症；胃出血；中氣虛弱、升降失調、反覆嘔吐（胃氣上逆）；肝膽相關慢性病；嗜睡；脫肛（直腸垂出）；白內障；流產後或產後調理；血糖調理（降糖）；血糖調理（穩定）；潰瘍病；促使潰瘍癒合；心悸；心氣虛；狹心症、心絞痛、背痛徹心；長期頭目眩暈、手足麻木；頭目眩暈、口乾舌燥、不眠、大便軟、心悸；諸經頭痛用，偏正頭痛或巔頂頭痛；高血壓（脾胃虛弱、血氣不足導致）；大小便失禁（腦萎縮）；腰腳無力、下肢水腫；下肢發涼；腰痛（風

優化項目（大綱）	副程式
中醫專用－症型處理	寒濕熱等外邪侵襲，非外傷導致）；坐骨神經痛；尾椎骨挫傷；暈眩欲嘔、易疲倦、嗜睡；暈眩欲嘔、易疲倦、嗜睡、胃脘痞悶、胃脘脹、食慾不振；暈眩欲嘔、易疲倦、嗜睡、胃脘痞悶、胃脘脹、食慾不振、呼吸氣促；暈眩、太陽穴不舒服、不易入睡、心情煩躁易怒；郭生白之Ａ型流感；齒根鬆動、牙齒疼痛；怕冷與噩夢；手腳不自主抖動；子宮肌瘤；子宮肌瘤（綜合處理）；褥瘡（化腐生肌用）；溼疹；皮膚瘡皰；扁平疣；體質較虛、氣血不足；腳大拇指外翻；腳踝關節痛、手麻抽筋；月經常拖延、胸脅苦滿、頭暈、口乾、夜睡鼻塞、脈細數；帶下色黃、有異味、疲勞倦怠、口乾舌燥、大便祕結、脈浮洪；前列腺增生；習慣性流產；懷孕期不正常出血；肝腎陰虛，導致脫髮。
中醫專用－節氣處理	臀部疼痛（環跳穴附近）；伏暑調理（空調病）。
中醫專用－中藥成方	藿香正氣散；加味藿香正氣散；保和丸；逍遙散；加味逍遙散；牛黃清心丸；安宮牛黃丸；腦麝祛風丸；川芎茶調散；銀翹散；補氣中藥一；補氣中藥二；補中益氣湯；烏梅丸；填補腎精；黃連上清丸；六味地黃丸；明目地黃丸；杞菊地黃丸；明目蒺藜丸；防風通聖散；荊防敗毒散；人參敗毒散；人參敗毒散（有熱象）；小青龍湯；中國新冠成方（輕型、普通型、重型患者均適用）；中國新冠成方（針對輕型患者，寒濕、鬱肺證）；中國新冠成方（針對輕型患者，濕熱、蘊肺證）；中國新冠成方（針對普通患者，濕毒、鬱肺證）；中國新冠成方（針對普通患者，寒濕、阻肺證）；中國新冠成方（針對重型患者，疫毒、閉肺證）；中國新冠成方（針對重型患者，氣營兩燔證）；中國新冠成方（針對危重型患者，內閉外脫證）；中國新

中醫專用–中藥成方	冠成方（針對恢復期患者，肺脾氣虛證）；中國新冠成方（針對恢復期患者，氣陰兩虛證）；防易茶；磁朱丸（別名：神麴丸）；硃砂安神丸；二陳湯；小柴胡湯；血府逐瘀湯；桂枝茯苓丸合四味健步丸；歸脾湯；溫膽湯；參苓白朮散；麻杏甘石湯；甘麥大棗湯；香砂六君子湯；正骨紫金丹；接骨紫金丹；龜鹿二仙膠；中藥減脂茶；七葉膽／絞股藍茶複方（複方）；遠邪湯；民間治癌草藥偏方。
中醫專用–中藥單方	蟬蛻；天然牛黃；麝香；麝香（林麝）；熊膽；血茸；血茸（混合）；板藍根；寬筋藤（Giloy）；黃連；栝蔞根；生地黃；牡丹皮；訶子（Haritaki）；虎骨；犀牛角；沙棘；雞內金；杜仲葉茶；天山雪蓮（中藥名為雪蓮花）；梔子；厚朴；天花粉；柴胡；硫磺；雄黃。
口唇部方面	口腔潰瘍；嘴唇潰瘍；嘴唇疱疹。
靈體方面	外靈干擾；封閉靈光場。
前世／意識層	宇宙藏經閣；業力干擾移除（深層）；五煞處理（Five Dark Forces Processing Plan）；男女關係能量索斬斷；想死（無求生意志）；世界大同（實驗中，後果請自負）；自我保護，遠離能量吸取者。
生理／精神方面	業力干擾移除（淺層）；躁鬱症；憂鬱症；地球共振頻率（Earth's Resonance）；開悟必備；心理放鬆／減輕心理壓力；養生專用（實驗中，風險用者自負）；焦慮症；食光辟穀（實驗中，風險用者自負）；在 LUCY 電影中的 CPH4；天才製造機（實驗中，風險自負）；停止事件重演；什麼都可能；紀律養成；科學轉念（負面能量轉為正面能量）。

優化項目（大綱）	副程式
輪脈（梵穴輪）相關處理	頂輪（Crown Chakras）疏通；眉心輪（Brow Chakras）疏通；喉輪（Throat Chakras）疏通；心輪（Heart Chakras）疏通；太陽神經叢輪（Solar Plexus Chakras）疏通；臍輪（Sacral Chakras）疏通；海底輪（Root Chakras）疏通。
女性疾病	經前症候群（Premenstrual Syndrome, PMS）；行經期乳房脹痛；子宮肌瘤；不正常經閉；尿道感染；陰道感染；子宮下垂。
男性疾病	陰莖潰瘍。
男性之性相關	早洩；陽痿；陰莖潰瘍；前列腺（攝護腺）腫大；生殖器疱疹。
女性之性相關	陰唇腫瘍；尿道感染；陰道感染；乳頭凹陷；產婦乳汁不足；乳房健康（Breast Health）；乳房腫痛；生殖器疱疹。
夫妻情趣	男性生殖器變大；女性陰道變緊；女性乳頭顏色變淡；女性乳暈顏色變淡；女性乳頭變小；男性提高性能力；男性縱慾過度（補腎精）；女性提高性慾；男性生殖器堅挺。
美容美體方面	量子童顏針；雷射去斑後皮膚護理；皮膚表皮回春；無齡（Spot Remover）；撫紋（Wrinkles）；補充膠原蛋白；粉瘤移除（Atheroma or Sebaceous syst.Remover）；塑身（Body Slim）；提高基礎代謝率（05：00～16：00）；我要變瘦（氣虛、中廣身材）；美甲（Nail Health）；白髮；脫髮；量子植髮；染髮毒性處理（染髮會有化學毒物透過頭皮滲入體內）；牙齒美白。

脊椎與骨骼相關	打通中脈（七脈輪系統）；進階脊椎校正；足弓矯正；極緻脊椎校正；胸椎校正；骨盆腔校正（坐骨神經痛）。
農業應用	農業相關校正（Agricultural Alignment）；非洲豬瘟（African swine fever），實驗中（無任何保證）；重建蚯蚓活力；土地元素；磷質催化；海藻元素；阿拉斯加魚油元素；提高碳元素；土壤酸鹼平衡；颱風處理。
成癮性飲食移除	可樂類（Cola）；酒癮。
DNA回春療程 （實驗中）	人類染色體檢測與治療系統；NMN回春系統；調整DNA至17歲；調整DNA至20歲；調整DNA至30歲；調整DNA至40歲；GDF－11回春蛋白質。
DNA人類基因 異常修護	人類染色體檢測與治療系統；唐氏症候群；僵直性脊椎炎。
生意經營方面	促進生意經營順利；提高運勢；提高工作運勢；找工作專用；天上掉錢；快速售房；快速買房；風水地理調整。
金屬汙染（平衡用）	元素表內項目平衡。
金屬汙染（移除作業）	元素表內項目移除。

(column.03) 原始西方的主程式及副程式

原始西方主程式（大綱）	副程式
生物場域系統 （Biofield System）	生物場相關（Biofield）；極性相關（Polarities）；細微主體（Subtle Bodies）；能量中心－脈輪（Energy

原始西方主程式（大綱）	副程式
生物場域系統 （Biofield System）	Centers － Chakras）；定向能量群（Directional Energies）；穴位能量（Meridians Energies）；平衡對向經脈（Balancing Opposite Meridians）；五行元素能量（Elemental Energies）。
心理方面 （Psychological）	主要心理系統（Primary Psychological System）；正面情緒狀態（Positive Emotional States）；負面情緒狀態（Negative Emotional States）；負面情緒狀態－沮喪（Negative Emotional States － Depression）；負面情緒狀態－怨懟（Negative Emotional States － Hate）負面情緒狀態－偏執（Negative Emotional States － Paranoia）；負面情緒狀態－壞脾氣（Negative Emotional States － Temper）；情緒相關宣誓詞（Emotion Affirmations）；身心方面（Psychosomatic）；物質濫用（Substance Abuse）。
細胞方面（Cellular）	細胞（Cell）；細胞失衡（Cellular Imbalances）；細胞結構與功能（Cellular Structure And Function）。
營養與代謝 （Nutrition／Metabolic）	維生素群（Vitamins）；代謝（Metabolism）；氣體（Gases）；酸性物質（Acids）；蛋白質氨基酸（Protein Amino Acids）；營養補充劑（Nutritional Supplements）；礦物質（Minerals）；原油所提取的礦物質（Minerals, Crude）；血糖（Blood Sugars）。
神經系統 （Neurological System）	腦部（Brain）；Brain Imbalances － Brain Dysfunction；Brain Imbalances － Hyperatrophy；Brain Imbalances － Uncontrolled Desire To Sleep；腦部結構與功能（Brain － Structure

神經系統 （Neurological System）	And Function）；Brain Structure & Function －Forebrain；神經類（Nerves）；Nerve Imbalances － Disorders；Nerve Imbalances － Multiple Sclerosis；神經結構與功能（Nerves － Structure And Function）；Nerve Struct & Function － Cranial；迷走神經（Vagus Nerve）；神經結構和功能脊髓（Nerve Structure And Function–Spinal Cord）；Nerve Structure And Function–Peripheral；Nerves Structure And Function–Nerve Plexus。
內分泌系統 （Endocrine System）	Hormonal；Hormonal Imbalances；Hormonal Structure And Function；Pineal；Pineal Imbalances；Pineal Structure And Function；Thalamus；Thalamus Imbalances；Thalamus Structure And Function；Hypothalamus；Hypothalamus Imbalances；Hypothalamus Structure And Function；Pituitary；Pituitary Imbalances；Pituitary Structure And Function；Thyroid；Thyroid Imbalances；Thyroid Structure And Function；Parathyroid；Parathyroid Imbalances；Parathyroid Structure And Function；Thymus；Thymus Imbalances；Thymus Structure And Function；Pancreas；Pancreas Imbalances；Pancreas Structure And Function；Adrenals；Adrenal Imbalances；Adrenal Structure And Function。
血液系統 （Blood, Lymph, Spleen）	血液（Blood）；血液失衡（Blood Imbalances）；血液結構與功能（Blood Structure And Function）；淋巴腺（Lymph）；淋巴腺失衡（Lymph Imbalances）；淋巴腺結構與功能（Lymph Structure And Function）；脾臟（Spleen）；脾臟失

原始西方主程式（大綱）	副程式
血液系統 （Blood, Lymph, Spleen）	衡（Spleen Imbalances）；脾臟結構與功能（Spleen Structure And Function）。
免疫系統 （Immune）	免疫系統（Immune System）；免疫回應系統（Immune Response System）；免疫系統失衡（Immune Imbalances）；免疫系統失衡（Immune Imbalances）；免疫結構與功能（Immune Structure And Function）。
視覺系統 （Ophthalmologic System）	眼睛（Eye）；眼睛失衡（Oph. Imbalance）；Oph. Imbalance － Eyelid Disorder；Oph. Imbalance － Eyelid Disorder Symptoms；Oph. Imbalance － Swollen Lids；Oph. Imbalance － Darken Lids；Oph. Imbalance － Lids Open；Oph. Imbalance － Crusted Edges；Oph. Imbalance － Stellwag's Sign；Oph. Imbalance － Graefe's Symptom；Oph. Imbalance － Kocher's Symptom；Oph. Imbalance － Cornea Disorders；Oph. Imbalance － Hazy；Oph. Imbalance － Arcus Senilis；Oph. Imbalance － Keratitis,Symptomatic；Oph. Imbalance － Corneal Reflex Abolished；Oph. Imbalance － Sclerotic；Oph. Imbalance － Pearly；Oph. Imbalance － Yellow；Oph. Imbalance － Conjunctiva Disorders；Oph. Imbalance － Watery；Oph. Imbalance － Pallid；Oph. Imbalance － Overflowing Tears（Epiphora）；Oph. Imbalance － Fixed Eye Balls；Oph. Imbalance － Purulent Discharge；Oph. Imbalance － Exophthalmos Or Proptosis；Oph. Imbalance － Pupils Disorders；Oph. Imbalance － Pupils Dilated（One）；Oph. Imbalance － Pupils Dilated（Both）；Oph. Imbalance － Pupils

視覺系統 （Ophthalmologic System）	Contracted（One）；Oph. Imbalance － Pupils Contracted（Both）；Oph. Imbalance － Vision Disorders；Oph. Imbalance － Diplopia, Monocular；Oph. Imbalance － Chromatopsia Or Color － Blindness；Oph. Imbalance － Hemeralopia（Night － Blindness）；Oph. Imbalance － Muscae Volitantes（Black Specks）；Oph. Imbalance － Sparks Or Flashes；Oph. Imbalance － Garel's Sign；Oph. Imbalance － Photophobia；Oph. Imbalance － Amblyopia；Oph. Imbalance － Crossed Amblyopia；Oph. Imbalance － Macropia And Micropia；Oph. Imbalance － Amaurosis；Ophthalmologic Structure And Function；O. Struc And Func － Vitreous Body。
耳鼻喉科 （Ears, Nose, Throat）	Ear Imbalances － Congestion；Ear Imbalances - Otitis Media；Ear Imbalances － Labyrinthine Fistula；Ear Structure And Function － Super Canal；Ear Structure And Function － Hearing；鼻子（Nose）；鼻子失衡（Nose Imbalances）；Nose Imbalances － Diphtheria；Nose Structure And Function；Sinus；Sinus Imbalances；Sinus Structure And Function；喉嚨（Throat）；喉嚨失衡（Throat Imbalances）；喉嚨結構與功能（Throat Structure And Function）；Esophagus；Pharynx；Tonsils；Larynx；Trachea。
口腔與牙齒 （Oral／Dental）	Mouth, Tongue, Parotid；Mouth, Tongue, Parotid Imbalances；Mouth, Tongue, Parotid Structure And Function；牙科（Dental）；牙齒、牙齦和頜骨失衡（Teeth, Gum And Jaw Imbalances） Teeth, Gums And Jaw Structure And Function。

原始西方主程式（大綱）	副程式
呼吸系統 （Lung／Bronchi）	肺部與支氣管（Lungs And Bronchi）；肺部與支氣管異常（Lung And Bronchi Imbalances）；Lung And Bronchi Structure And Function。
心血管方面 （Heart, Arteries）	心臟（Heart）；心臟失衡（Heart Imbalances）；Heart Structure And Function；Heart Structure And Function；血管類（Blood Vessels）；血管失衡（Blood Vessel Imbalances）；Blood Structure And Function。
胃腸道方面 （Digestive）	Gastrointestinal Lining；胃部（Stomach）；胃部失衡（Stomach Imbalances）；Stomach Structure And Function；Duodenum；Duodenum Imbalances；Duodenum Structure And Function；小腸（Small Intestine）；小腸失衡（Small Intestine Imbalances）；Small Intestine Structure & Function；Cecum And Ileocecal Valve；Cecum And Ileocecal Valve Imbalances；Cecum And Ileocecal Valve Struc & Function；Appendix；Appendix Imbalances；Appendix Structure And Function；結腸（Colon）；結腸失衡（Colon Imbalances）；Colon Imbalances–Constipation；Colon Structure And Function；直腸（Rectum）；直腸失衡（Rectum Imbalances）；直腸結構與功能（Rectum Structure And Function）。
肝／膽方面 （Liver／Gallbladder）	肝臟（Liver）；肝臟失衡（Liver Imbalances）；Liver Structure And Function；膽囊（Gallbladder）；Gallbladder Imbalances；Gallbladder Structure And Function。

腎／泌尿科 （Kidney, Bladder）	Bladder；Bladder Imbalances；Bladder Structure And Function；腎臟（Kidney）；腎臟和體液失衡（Kidney And Fluids Imbalances）；Kidney,Ureters & Fluids Structure And Function；Urethra；Urethra Imbalances；Urethra Structure And Function；Urological。
生殖系統 （Reproductive）	子宮（Uterus）；子宮失衡（Uterus Imbalances）；子宮失衡（Uterus Imbalances）；Uterus Structure And Function；Vagina；Vagina Imbalances；Vagina Structure And Function；乳房類（Breasts）；乳房失衡（Breast Imbalances）；Breast Structure And Function；Ovaries；Ovary Imbalances；Ovary Structure And Function；Obstetrics；Obstetrics Imbalances；Obstetric Structure And Function；Prostate；Prostate Imbalances；Prostate Structure And Function；Penis；Penis Imbalances；Penis Structure And Function；Testes／Gonads；Testes／Gonads Imbalances；Testes／Gonads Structure And Function；Sexual；Sexual Imbalances；Sexual Structure And Function。
肌肉／骨骼 （Muscle／Skeletal）	Muscles；肌肉失衡（Muscle Imbalances）；Muscle Structure And Function；Muscle Structure And Function；結締組織（Connective Tissue）；Connective Tissue Imbalances（Tendons,Ligament）；結締組織結構與功能（Connective Tissue Structure & Function）；關節類（Joints）；關節失衡（Joint Imbalances）；Joint Structure And Function；Bones；Bone Imbalances；Bone Structure And Function；Bone Structure And Function；Spine；Spine

原始西方主程式（大綱）	副程式
肌肉／骨骼 （Muscle／Skeletal）	Imbalances；Spine Structure And Function；Spinal Balancing, Cervical And Thoracic I.d.f.；Spinal Balancing, Lombar Sacral Coccyx；Cerebral Spinal Fluid。
皮膚方面 （Skin）	皮膚（Skin）；皮膚失衡（Skin Imbalances）；皮膚失衡（Skin Imbalances）；皮膚失衡（Skin Imbalances）；皮膚結構與功能（Skin Structure And Function）；臉部（Facial）；臉部失衡（Facial Imbalances）；臉部結構與功能（Facial Structure And Function）；毛髮（Hair）；毛髮失衡（Hair Imbalances）；頭髮結構與功能（Hair Structure And Function）；指甲（Nail）；指甲失衡（Nail Imbalances）；指甲結構與功能（Nail Structure And Function）。
疼痛相關 （Pain–Producing）	疼痛（Pain）；止痛相關用藥（Pain Killers）；刺痛（Sharp Pain）；Dull Pain；Paroxysmal；　輻射性痛（Radiating Pain）；移動性疼痛（Shifting Pain）；Gnawing／Boring Pain；由食物引起的疼痛（Pain Increased By Food）；由食物來舒緩疼痛（Pain Relieved By Food）；由壓力來舒緩疼痛（Pain Relieved By Pressure）；由移動所引起的疼痛（Pain Increased By Movement）；由呼吸或咳嗽引起的疼痛（Pain Increased By Breathing／Coughing）；夜間疼痛（Pain Increased By Night）；疼痛轉移（Referred Pain）；頭皮壓痛（Scalp Tenderness）；Spine Tenderness；Lumbar Tenderness；Chest Tenderness；Breast Tenderness；Right Hypochondrium Tenderness；Left Hypochondrium Tenderness；腹部壓痛腹部（Abdominal Tenderness Epigastrium）；髂骨壓痛（Iliac Tenderness）；下

疼痛相關
（Pain–Producing）

腹部壓痛（Hypogastrium Tenderness）；Perineum, Tender Tenderness；一般性疼痛（General Pain）；Frontal Headache；Occipital Headache；Unilateral Headache；Unclassified Headaches； 眼 球 痛（Eyeball Pain）；耳朵痛（Earache Pain）；上顎痛（Lower Jaw Pain）；下顎痛（Lower Jaw Pain）；脖子痛（Neck Pain）；鼻痛（Nose Pain）；喉嚨痛（Throat Pain）；背痛（Back Pain）；Coccygeal Pain； 骶 骨 痛（Sacral Pain）；Lumbar Pain；Interscapular Pain； 胸 部 痛（Breast Pain）；Sternum Pain；Pericardium Pain； 內 部 痛（Pain In Side）；Right Hypochondrium Or Pain Over Liver； 左 肋 部 疼 痛（Left Hypochrondrium Pain）； 無 法 確 認 的 胸 痛（Unclassified Chest Pain）；Abdominal Pain；Umbilicus Pain； 下 腹 部和盆腔疼痛（Hypogastrium And Pelvis Pain）；Iliac Or Ovarian Pain；Groin, Pain In；Colic Pain；Unclassified Abdominal Pain；Perineum Pain；Rectum Pain；陰莖痛（Penis Pain）；睾丸痛（Testicle Pain）；肩膀痛（Shoulder Pain）；手臂痛（Arm Pain）；手部痛（Hand Pain）；大腿疼痛（Thigh Pain）；腿痛（Leg Pain）；腳痛（Foot Pain）；Heel Pain；Muscles（Myalgia）Pain；Limb Pain（Unclassified）；關節痛（Joint Pain）；與疼痛有關的感覺（Sensations Related To Pain）；Itching, Formication Or Tingling Sensation；Palpitation Sensation；Heartburn（Cardialgia）Sensation；Precordial Anxiety；Girdle Sensation；Sensation Of Local Heat；Sweating Sensation；Sensation Of Throbbing；充滿感覺的（Sensation Of Fullness）；Sensation Of Weight；Sensation Of Bearing Down；Sensation Of Oppression。

原始西方主程式（大綱）	副程式
傳染性相關 （Infectious Subtle Energies）	Infectious Disorders；炎症（Inflammation）；Congestions；Septic Infections；Pus ／ Secretions；Ulcers ／ Abscesses；Cysts；Tumors；Chlamydial；Rickettsial；Necrotic Tissue；Infection Reagents。
細菌相關 （Bacterial Subtle Energies）	革蘭氏陰性細菌屬（Gram Negative Bacteria）（Typhoid）；革蘭氏陽性細菌屬（Gram Positive Bacteria）（Staph & Strep）；好氧菌引起的發燒（Aerobic Bacteria）（Fevers）；分支桿菌（結核）（Mycobacterial）（Tuberculosis）；Spirochete Bacteria（Syphilis）；厭氧菌破傷風類（Anaerobic Bacteria）（Tetanus）；細菌試劑（Bacterial Reagents）。
病毒相關 （Viral Subtle Energies）	蟲媒病毒和沙粒病毒（發熱性）（Arbovirus And Arenavirus）（Fevers）；Central Nervous System Viral（Polio）；Enteroviral（Inflammatory）；發疹病毒（兒童疾病）（Exanthematous Virus）（Childhood）；Respiratory Virus（Influenzas）；Systemic Viral（System–Wide）；Viral Reagents。
真菌與寄生蟲 （Fungus ／ Parasite Subtle Energies）	真菌與霉菌（Fungus And Mold）；寄生蟲（Parasites Worm）；Protozoal Parasites；Tissue Nematodes Parasites；Trematodes Parasites。
環境／物理因素 （Environmental ／ Physical Agents）	Magnetic Influences；Radiation；肉體受傷（Physical Injury）。
毒素、毒藥、害蟲 （Toxins, Poisons and Pests）	毒素與毒害（Toxins And Poisons）；毒素與毒害（Toxins And Poisons）；藥物毒害（Drug Poisons）；藥物毒害（Drug Poisons）；金屬毒害

毒素、毒藥、害蟲 （Toxins, Poisons and Pests）	（Metal Poisons）；化學毒害（Chemical Poisons）；病蟲害（Pests）；食物中毒（Food Poisoning）；植物與殺蟲劑（Plants And Insecticides）；雜項毒害（Miscellaneous Poisons）；解毒相關（Detoxification）；身體、感官、腦力過度使用（Overstimulate）。
身體檢測相關 （Testing Procedures）	實驗室測試（Laboratory Tests）；病毒測試（Virus Tests）；毒物測試（Toxins Tests）；Bacteria Tests；血球分類計算（Differential Blood Count）；尿液分析（Urine Analysis）；飲料測試（Beverages）；食物過敏測試（Food Allergy Testing）；麵包類食物（Bread）；即食麥片（Cereals）；調味品（Condiments）；乳製品（Dairy Products）；油脂（Fats）；新鮮水果Fruits（Raw）；Fruits（Cooked）；肉類（Meats）；蔬菜類，未處理Vegetables（Raw）；蔬菜類，處理過Vegetables（Cooked）；Nuts；海鮮（Seafoods）；Sugars；Miscellaneous；Environmental Allergy Testing；Material Allergy；Pollens（Tree）；Pollens（Tree）－Olive；同類療法（Homeopathics）Lens（Grasses）；Pollens（Weeds & Garden）；Epidermals & Misc. Inhalants；Miscellaneous Inhalants；Metal Allergy；Sundry Allergies；Fall–Out Rates；身體振動頻率（Energy Awareness）。
萊姆病處理 （Lyme Disease IDF Balance）	萊姆病處理（Lyme Disease Idf Balance）。
同類療法 （Homeopathics）	Homeopathics ／ A；Homeopathics ／ B；Homeopathics ／ C；Homeopathics ／ D ～ G；Homeopathics ／ H ～ L；Homeopathics／M ～ O；Homeopathics ／ P ～ R；Homeopathics ／ S；

原始西方主程式（大綱）	副程式
同類療法 （Homeopathics）	Homeopathics ／ T ～ Z；Homeopathics － Tissue Salts；Angina － Rheumatica；Chloromycetin － Pancreatica；Bilirubin － Hepatica；Angina － Merc. Solub.；Nephritis － Renalis；Angina － Hypotonic；Abdominallvmpham － Hypothlamus；Ikterus － Pyrogenium；O － Fieber － Zeckenbissfieber。
草藥 （Herbs）	安　胎　用（Abortivacients: Abortion Producing Agents）；Absorbents: Agents Capable Of Absorption；Alkalizers: Alkaline Rendering Agents；Antipruritics: Preventing Or Relieving Itching；Antipyretics: Fever Reducing Agents；Antirheumatics: Relieve Or Prevent Rheumatism；Antiscorbutics: Counteracting Scurvy；Antiseptics: Anti Disease, Decay, Fermentation；Antispasmodics: Relieving Spasms, Convulsions；Antisyphilitics: Alleviating Or Curing Syphilis；Antithrombics: Checking Coagulation, Blood Clot；Antitussives: Cough Relieving Agents；Aperients: Mild Cathartics（Purgatives）；Aromatics: Imparting A Fragrant Smell；Astringents: Agents For Contraction Of Tissues；Alteratives: Alter Processes ／ Fns Of Body；Amylolytics: Converting Starch Into Sugar；Analgesics: Pain Relievers；Anaphrodisiacs: Sex Depressants；Anesthetics: Causing Insensibility；Anydrotics: Perspiration Checking Agents；Anodynes: Pain Relivers；Anodynes: Pain Relivers；Antiarteriosclerotics: Anti Artery Hardening；Antibiotics: Antibacterial Agents；Anticatarrhals: Prev. Inflam. Mucous Membranes；

草藥
（Herbs）

Antihemorrhagics: Arresting Bleeding；Anodynes: Pain Relivers；Anodynes: Pain Relivers；Anthelmintics: Expelling Intestinal Worms；Antiarteriosclerotics: Anti Artery Hardening；Antibiotics: Antibacterial Agents；Anticatarrhals: Prev. Inflam. Mucous Membranes；Antihemorrhagics: Arrestingbleeding；Antimalarials: Alleviating Or Curing Malaria；Antinauseants: Alleviating Or Curing Nausea；Antiperiodics: Prev. Reg Recurrence Of Diseases；Antiphlogistics: Preventing Inflammations；Bases: Principal Ingredient Of A Compound；Bitters: Bitter–Tasting Tonic Or Stomachic；Bronchodilators: Enlargers Of Bronchial Tubes；Cardiac Depressants: Depress Hyperactive Heart；Cardiac Stimulants: Stimulate Underactive Heart；Cardiants: Tonics For The Heart；Caminatives: Relieve Flatulence Or Colic；Cathartics: Purging Agents, Purgatives；Cholagogues: Promoting The Flow Of Bile；Choleretics: Stimulate Secretion Of Bile ／ Liver；Cholerics: Act. Sluggish Liver（Jaun. Dispeps.）；Condiments: Seasonings Or Relishes；Coronary Dilators: Enlarge Heart Blood Vessels；Corrigents: Modify ／ Counter Unpleasant Remedies；Counterirritants: Relieve Deep Imflammations；Demulcents: Soothing, Relieving Irritations；Deodorants: Neutralizers Of Offensive Odors；Depressants: Lower Nervous ／ Functional Activity；Dermetics: For Skin I.d.f. Balancing；Detergents: Cleansing Or Purging Agents；Diaphoretics: Perspiration Causing Agents；Digestants: Promoting Digestion；Discutients: Disperse ／ Absorb Morbid Tissue；Diuretics:

| 草藥
（Herbs） | Promote Excretion Of Urine；Dusting Powders: Drying ／ Local Application；Emetics: Vomiting Causing Agents；Emetocathartics: Emetic ／ Purgative Agents；Emmenagogues: Promote Menstrual Flow；Emollients: Soften ／ Sooth Mucous Membranes Etc.；Emulsifiers: Effect Emulsification Of Oils；Expectorants: Expel Saliva, Mucus, Etc. ／ Lungs；Febrifuges: Fever Reducing Agents；Flaboring Agents: Give Aroma ／ Flavor To A Remedy；Hemostatics: Agents Arresting Hemorrhages；Hydragogues: Produce Discharge Of Watery Fluid；Hypnotics: Sleep Inducing Agents；Irritants: Irritation Causing Agents；Laxatives: Mild Cathartics（Purge Bowels）；Lenitives: Relieve Discomfort Due To Dryness；Lubricants: Lubricating Agents；Miotics: Contract Pupil ／ Red. Intra–Ocular Tens.；Mydriatics: Dilate Pupil；Narcotics: Drowsiness, Stupor, Unconsciousness；Nervines: Nerve Calming Agents；Nutrients: Nutritive Agents；Oxytocics: Labor Hastening Agents；Parasiticides: Expelling Parasites（Intestinal）；Protectives: Agents Warding Off Infection；Proteolytic Enzymes: Promote Hydrol. Of Protein；Purgatives: Cleansing, Purifying Agents；Pustulatns: Causing Production Of Pustules；Refrigerants: Agents Causing Cooling Effect；Revulsants: Causing Dilation Of Blood Vessels；Rubefacients: Mild Irritation ／ Reddening Of Skin；Sedatives: Calming Agents ／ Relaxants；Sialagogues: Promoting Saliva；Stimulants: Stimulate ／ Augment Func. Any Tissue；Stomachics: Agents Improving Digestion ／ Appetite；Styptics: Blood |

草藥 （Herbs）	Stopping Agents ／ Astringents；Tonics: Raise Mental Or Physical Tone；Vasoconstrictors: Constrict Blood Vessels；Vasodilators: Enlarging Blood Vessels；Vehicles: Dissolve Therapeutic Active Agents；Vermifuges: Expel Intestinal Worms；Vesicants: Apply Locally To Cause Blistering；Vulneraries: Encourage ／ Hasten Healing Of Wounds；Miscellaneous。
礦石與頻率 （Gem Stones ／ Electro–Magnetic Freq）	Gem Stones；Electro–Magnetic Frequencies。
花精療法 （Flower Essences）	Flower Essences – Physical；Flower Essences – Psychological。
牙齒相關對應點 （Dental Odonton Points）	齒列對應關係一（Tooth 1）；齒列對應關係二（Tooth 2）；齒列對應關係三（Tooth 3）；齒列對應關係四（Tooth 4）；齒列對應關係五（Tooth 5）；齒列對應關係六（Tooth 6）；齒列對應關係七與八（Teeth 7 And 8）；齒列對應關係九與十（Teeth 9 And 10）；齒列對應關係十一（Tooth 11）；齒列對應關係十二（Tooth 12）；齒列對應關係十三（Tooth 13）；齒列對應關係十四（Tooth 14）；齒列對應關係十五（Tooth 15）；齒列對應關係十六（Tooth 16）；齒列對應關係十七（Tooth 17）；齒列對應關係十八（Tooth 18）；齒列對應關係十九（Tooth 19）；齒列對應關係二十（Tooth 20）；齒列對應關係二十一（Tooth 21）；齒列對應關係二十二（Tooth 22）；齒列對應關係二十三與二十四（Teeth 23 And 24）；齒列對應關係二十五與二十六（Teeth 25 And 26）；齒列對應關係二十七（Tooth 27）；齒列對應關係二十八（Tooth 28）；齒列對應關係二十九（Tooth 29）；齒列對應關係三十（Tooth 30）；齒列對應關係三十一（Tooth 31）；齒列對應關係三十二（Tooth 32）。

原始西方主程式（大綱）	副程式
曼德拉程式 （Mandala Program）	曼德拉一（Mandala）；曼德拉二（Mandala）；曼德拉三（Mandala）。

2 附註說明
SECTION

① 優化項目

為鈦生量子科技累積10餘年來超過兩萬例臨床經驗，所歸納出來的一種簡便治療方案。

不需任何要檢測，只要有雷同或是類似的症狀即可使用，命中率超過70%。

② 無向量波（Scalar Wave）

為量子空間等化儀（Q.S.E.）所特有的科技，無向量波可以跨空間傳播，不受限於距離與空間的限制。

無向量波的頻度越強，在治療上來講，就是會治得比較深入。因此，無向量波的發射頻度與治療效果有直接的正關聯性。

③ 物件掃描功能

為鈦生量子科技所發明創造的一種技術，能將各種物件透過儀器轉換成一段數據碼（等化率值）並儲存在數據庫內，之後就不再需要實際的物件，就能直接起與原物件類似的效果或功能。

④ 全息掃描

為鈦生量子科技累積10餘年來所歸納出來的一種全息快速掃描方法，只要有電子照片就可以進行任意的掃描，例如：可以掃描人、掃描動物、掃描土地等等。

以人的電子照片，用全息掃描功能進行掃描。

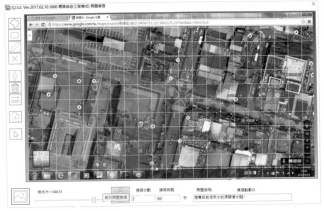

以衛星圖的照片，用全息掃描功能進行掃描。

其中，用衛星圖的照片，就可以進行以下掃描。

❶ 自來水漏水點檢測。

❷ 天然氣漏氣點檢測。

❸ 各類地下管線檢測。

❹ 潛在滑坡點監控與檢測。

❺ 颱風或颶風監控與檢測。

❻ 天然災害監控與檢測。

❼ 地震監控與檢測。

❽ 地下礦藏的掃描。

右手等化率值定義

Right-Hand Tunings

SECTION

等化率值的格式

等化率值的格式為「XX-YY」，共有兩個數字，若有+的符號，即+「XX-YY」代表正值；若沒有+的符號，即「XX-YY」，代表負值。其中，左側數字是左手等化率值（使用時的左手側，即XX-），代表「問題」；右側數字是右手等化率值（使用時的右手側，即YY），代表「問題的所在位置」。

Radionics（放射粒子）的等化率值示意說明。

SECTION

2 Radionics（放射粒子）的右手等化率值定義表

數字	英文	中文
-0.5	Colon, Mesentery	結腸、腸繫膜。
-2	Hypothalamus, Cowper's Glands	下視丘、考珀氏腺。
-3	Frontal Sinus, Submucosa	額竇、黏膜下層。
-4	Jaws-Parotid Area, Cystic Ducts	顎骨─腮腺區、囊性導管。

-5	Front or Forebrain, Posterior Brain, Perineum	前腦、後組腦神經、會陰。
-6	Pacchionian Bodies	帕基奧尼氏體蛛網膜粒。
-8	Ascending Colon-Appendix Area	升結腸一闌尾區。
-9	Ethmoid or Turbinated Bone	篩骨或鼻甲。
-10	Midbrain, Medulla, Pons	中腦、延髓、腦橋。
-11	Nerves, Spinal Cord, Thyroid	神經、脊髓神經、甲狀腺。
-11.5	Brain, Visual Center; Eyes: Lens, Nerves, Retina, Visual Center	大腦、視覺中心；眼睛：晶體、神經、視網膜、視覺中樞。
-12	Mucous Membranes, Mucous Membranes-Colon, Sigmoid Colon	黏膜、黏膜一結腸、乙狀結腸。
-13	Urinary Bladder	膀胱。
-14	Hair, Scalp	頭髮、頭皮。
-14.5	Thyroid	甲狀腺。
-15	Forebrain, Medulla, Pons	前腦、延髓、腦橋。
-16	Larynx	喉頭。
-16.5	Epiglottis	喉頭蓋。
-17	Lymphatics	淋巴管。
-18	Eyeball	眼球。
-19	Conjunctiva（Eyes）	結膜（眼睛）。
-20	Brain-Parietal Area-Reflexes With Ovarian Tubes	腦一頂葉區一反射與卵巢管。
-20.5	Ear-Outer Passages	耳朵一外部通道。
-21	Bone, Bone Marrow	骨、骨髓。

數字	英文	中文
-21.5	Ligaments	韌帶。
-22	Ovaries	卵巢。
-23	Fallopian Tubes, Kidneys	輸卵管、腎臟。
-23.5	Bile Duct	膽管。
-24	Mastoid Area	乳突區。
-25	Teeth, Gums	牙齒、牙齦。
-25.5	Teeth, Gums	牙齒、牙齦。
-26	Breasts-Female, Cervix of Uterus, Glans Penis, Penis, Prostate, Fornix of Uterus	乳房—女性、子宮頸、陰莖龜頭、陰莖、前列腺、子宮穹窿。
-27	Spinal cord, Pineal Gland	脊髓神經、松果體。
-27.5	Eyes-Iris, Vagus Nerve, Brachial Plexus	眼睛—虹膜、迷走神經、臂叢。
-28	Eyes-Iris, Pineal Gland	眼睛—虹膜、松果體。
-29	Liver	肝臟。
-30	Brain-Temple Area, Colon-Motor Center in Brain	腦部—太陽穴區、結腸—大腦運動中心。
-31	Knee, Connective Tissue	膝蓋、結締組織。
-32	Stomach, Small Intestine	胃、小腸。
-32.5	Pharynx-Laryngeal Part	咽—喉部分。
-33	Maxillary Sinuses	上頜竇。
-33.5	Eye-Cornea	眼睛—角膜。
-34	Nasal Passages	鼻腔。

-35	Gallbladder	膽囊。
-36	Pharynx-Nasal Part, Adenoid Area（Throat）, Tongue	咽—鼻部分、腺樣面積（喉）、舌。
-36.5	Eyes-Choroid	眼睛—脈絡膜。
-37	Esophagus, Throat	食道、喉嚨。
-37.5	Sphenoid Sinuses	蝶竇。
-38	Pylorus	幽門。
-38.5	Eyes-Optic Thalamus	眼睛—視覺丘腦。
-39	Parotid Gland	腮腺。
-40	Occiput	枕骨。
-41	Muscle	肌肉。
-42	Cyst, derma, Muscle sheath, Subcutaneous Tissue	囊腫、真皮、肌鞘、皮下組織。
-42.5	Epiglottis, Trachea, Anus, Sphincter Muscle of Anus	會厭、氣管、肛門、肛門括約肌的肌肉。
-43	Esophagus, Vocal cords	食道、聲帶。
-44	Lymph Nodes	淋巴結。
-45	Left Lobe of Liver	肝臟左葉。
-45.5	Ligaments, Tendons	韌帶、肌腱。
-46	Adrenals, Brain-Musculasr Response Area	腎上腺、腦—肌反應區。
-47	Lungs	肺臟。
-47.5	Tongue, Tonsils	舌、扁桃腺。
-48	Eustachian Tubes, Upper Nasal Area, Pharynx	耳咽管、上鼻區、咽。

數字	英文	中文
-49	Blood, Human	血液、人。
-49.5	Periosteum	骨膜。
-50	Frontal sinuses, Hair Roots	額竇、髮根。
-50.5	Brain-Meninges	腦—腦膜。
-51	Mucous Membranes, Peyer's Patch	黏膜、淋巴集結。
-51.5	Hypothalamus	下視丘。
-52	Duodenum	十二指腸。
-52.5	Omentum	網膜。
-53	Thoracic Aera, Lungs, Pleura-in Pleurisy	胸腔、肺臟、胸膜內胸膜炎。
-54	Digestive-General, Duodenum	消化系統——一般、十二指腸。
-55	Spinal Fluid	脊髓液。
-56	Female Breasts, Mammary Glands	女性乳房、乳腺
-57	Glandular systenm, Involuntary Muscles	腺系統、不隨意肌。
-58	Uterus	子宮。
-59	Salivary Gland, Vaginal Glands	唾液腺、陰道腺體。
-59.5	Vaginal Glands	陰道腺體。
-60	Cecum, Transverse Colon	盲腸、橫結腸。
-61	Fatty Tissue, Fatty Connective Tissue	脂肪組織、脂肪結締組織。
-62	Descending Colon	降結腸。
-63	Left Kidney Tubules	左腎小管。

-63.5	Visual Center, Brain and Eyes	視覺中樞、大腦和眼睛。
-64	Lacrimal Ducts	淚管。
-64.5	Cribriform Area of Ethmoid Bone	篩骨篩板區。
-65	Anterior Pituitary	垂體前葉。
-66	Appendix, Nerves-Solar Plexus	闌尾、神經—太陽神經叢。
-67	Ureter	輸尿管。
-68	Inner Ear, Middle Ear	內耳、中耳。
-69	Outer Ear, Eustachian Tubes	外耳、耳咽管。
-70	Heart,（Possibly Sciatic Nerve）	心臟。
-70.5	Arteries to Brain and Scalp, Artery in Brain	連至大腦動脈與頭皮、腦內動脈。
-71	Arteries	動脈。
-72	Right Kidney Tubules	右腎小管。
-73	Upper Lungs	上肺部。
-74	Lower Lungs	下肺部。
-75	Diverticula（in Colon）	憩室（結腸癌傾向）。
-76	?	不明。
-77	Thymus	胸腺。
-78	Hepatic Flexure of Transverse Colon	橫結腸肝曲。
-79	Eyelid Lining	眼瞼襯裡。
-80	Transverse Colon, Splenic Flexure of Colon	橫結腸、結腸脾曲。
-81	Uterus, Vagina	子宮、陰道。

數字	英文	中文
-82	Kidneys, Small Intestines	腎臟、小腸。
-83	Bronchi	支氣管。
-84	Part of Stomach	胃的一部分。
-85	Hair Follicles, Membrane of Corti	毛囊、柯蒂氏膜。
-86	Cervix of Uterus, Labia Majora, Spermatic Cord, Urethra	子宮頸、大陰唇、精索、尿道。
-87	Posterior Pituitary	垂體後葉。
-88	Genitourinary System, Stomach Lining	泌尿生殖系統、胃壁。
-89	?	不明。
-90	Descending Colon	降結腸。
-91	Derma, Nerve Endings	真皮、神經末梢。
-92	Parathyroid Gland, Isthmus of Thyroid	副甲狀腺、甲狀腺峽部。
-93	Upper Lungs	上肺部。
-94	Duodenum	十二指腸。
-95	Spleen	脾臟。
-96	Coccyx, Rectum	尾骨、直腸。
-97	Veins, Epididymis	靜脈曲張、附睪。
-98	Thyroid Gland	甲狀腺。
-99	?	不明。
-100	Whole Body	全身。

左手等化率值定義

Left-Hand Tunings

等化率值的格式

關於等化率值的格式的詳細說明，請參考 P.212。

Radionics（放射粒子）的左手等化率值定義表

數字	英文	中文
0.5-	Building Rate	創化等化率。
2-	Virus Pneumonia, Encephalitis（often combines with 3 and 14 in Polio）, Tetanus, Whooping Cough, Hookworms , Worms in Rectum, Dysentery（Virus）	病毒性肺炎、腦炎（通常與小兒麻痺症中的3和14結合）、破傷風、百日咳、鉤蟲、直腸蟯蟲、痢疾（病毒）。
3-	Polio-often Found in Sore Throat（Often Combines with 2 and 14 in）; Scarlet Fever, Cold, Flu	脊髓灰質炎—常見於喉嚨痛（通常與2和14英寸結合）；猩紅熱、感冒、流感。
3.5-	Cancer（Precedes or Produces）, Swelling of Knee	癌症（先於或產生中）、膝蓋腫脹。
4-	Pneumonia, Malaria, Typhoid Fever, Mumps, Measels（Often Found with 84）Psoriasis, Ptomaine Poisoning, Variola	肺炎、瘧疾、傷寒、腮腺炎、麻疹（通常與84一起發現）銀屑病、托梅因中毒、天花。

數字	英文	中文
5-	Diptheritic Mucosa, Acidosis, Swelling（Throat, Lungs, Colon, Lymphatics）, Mucous Condition of Colon, Diphtheria, Mucus in Lungs, Mucus in Lymphatics, Phlegm, Throat Condition	白喉黏膜、酸中毒、腫脹（喉嚨、肺、結腸、淋巴管）、結腸黏液狀況、白喉、肺黏液、淋巴管黏液、痰、喉嚨狀況。
5.5-	Black Mold, Coughs, Mold, Sore Throat	黑黴菌、咳嗽、黴菌、喉嚨痛。
6-	Flu Aftermath-Chronic（Kidney Tubules）; High Blood Pressure, Catarrhal Toxins, Jaundice	流感後遺症—慢性（腎小管）；高血壓、卡他性毒素、黃疸。
6.25-	Alcohol Poisoning	酒精中毒。
6.5-	Snake Bite, Teeth and Gum Problems	蛇咬傷、牙齒和牙齦問題。
7-	Calcification-Found with Sarcoma-Always in Arthritis and Gallstones. Found in All Parts of the Body, Including Brain, Eyes , Muscles, etc.：Cataracts, , Lupus Erythematosus, Gastric Ulcers	鈣化—可在軟組織中發現—通常是關節炎和膽結石。可能在身體的各個部位、包括大腦、眼睛、肌肉等找到：白內障、紅斑性狼瘡、胃潰瘍。
8-	Ulceration-Pus Found in Carbuncles, Sinuses, Appendix, Uterus, Teeth etc. Always Accompanied by Pain-Found in Brain Causing Severe Headaches; Diverticulitis, Earache, Styes, Varicose Veins	潰瘍—在癰腫、鼻竇、闌尾、子宮、牙齒等處發現膿液。總是伴有疼痛—在大腦中發現導致嚴重頭痛；憩室炎、耳痛、麥粒腫、靜脈曲張。
8.5-	Fungs, Parathion	真菌、對硫磷。
9-	Fungus-Found in Athlete`s Foot, Mouth, Skin, Ears-often Accompanied by Other Fungus Such as 45 or 86; Scurvy, Ulcers	真菌—存在於腳氣、嘴巴、皮膚、耳朵中—通常伴有其他真菌、如45或86；壞血病、潰瘍。

9.5-	Fungs	真菌。
10-	Undulant Fever-one of the Several; Dementia	反復性發燒、癡呆。
11-	Flu, Spasm	流感、痙攣。
12-	Tobacco Poison-Generally Found in Mucous Membranes; Gamma Radiation（A-Bomb）, Radium Burn, Marine, Animal Bite	煙草毒素—在黏膜普遍發現、伽馬輻射（原子彈）、鐳燒傷、海洋、動物咬傷。
13-	Scar Tissue, Calcification Similar to 7, Arthritis, Cataracts, Crystallization, Scar tissue, Tumor	疤痕組織、組織鈣化很類似7、關節炎、白內障、結晶、瘢痕組織、腫瘤。
14-	Meningococcus-Also Combines with 2 and 3 in Polio. May be Found in Stomach, Gallbladder, etc. May Also Be in Brain, Causing Sick Headache	腦膜炎雙球菌—有時2和3也會結合在脊髓灰質炎。可在胃被發現、膽囊等、也可能是在大腦、引起頭痛病。
14.5-	Chronic TB, Mexican Flu, Causes Pain	慢性結核病、墨西哥流感、引起疼痛。
15-	Streptococcus, Insect Stings	鏈球菌、昆蟲叮咬。
15.5-	Centipede and Millipede Bites	蜈蚣和千足蟲叮咬。
16-	Aluminum Poison-May Be Found Almost Any Place in the Body, Coryza, Tick and Mite Bites, Fly and Bug Bites	鋁毒素—幾乎可能會在身體任何地方發現、鼻炎、蜱和蟎的叮咬、蒼蠅和臭蟲叮咬。
17-	Poison Allergy Poison, Uric Acid	毒素過敏、尿酸。
18-	Brucella Abortus（Undulant Fever）	流產布魯氏菌（反復發燒）。
19-	Parasites or Worms. May be Fungus. Hemolytic Strep	寄生蟲或蠕蟲。可能是真菌。溶血性鏈球菌。
19.5-	Worms	蠕蟲。

數字	英文	中文
20-	Syphilis, Middle Grade (Commom) Staph	梅毒、中級（普通）葡萄球菌。
20.5-	Destroys Leukocytes-Found in Lymphatics, Liver, and Blood building organs	破壞白細胞——在淋巴、肝臟和造血器官中發現。
21-	Formaldehyde	甲醛。
22-	Hypertonicity-Causes Tension and Constriction; Hemophilia	高滲性——會導致緊張和收縮：血友病。
23-	May be Cholesterin-Found with Gall Stones, Carcinoma. May be Found Any Place in the Body. Acts Like A Catalyst to Hold Other Con- ditions; Amoeba, Colon Conditions, Gall Stones, causes Ulceration.	可能是膽固醇——與膽結石、癌一起發現。在身體的任何地方都可能找到。就像催化劑一樣、在不同的特定條件下、會有不同的結果；變形蟲、結腸疾病、膽結石、會導致潰瘍。
24-	Skin Allergy-Also Found in Mucous Membranes	皮膚過敏——也存在於黏液膜中。
24.5-	Causes Stinging and Burning When Found in Colon, Gallbladder , Pancreas, Eyes, Nerve Endings, Duodenum. Causes Excess HCL Sometimes Found with Carcinoma	在結腸、膽囊、胰腺、眼睛、神經末梢、十二指腸中發現時會引起刺痛和灼痛。測量到過量的 HCL 時、有時會同時發現有癌的現象。
25-	Dental caries, Decay in Teeth	齲齒、牙齒腐爛中。
26-	Acidity, Formic Acid (Insect Stings)	酸度、甲酸（昆蟲叮咬）。
27-	?	不明。
28-	?	不明。
29-	Catarrth, Mucus, Brucellosis Abortus (Undulant Ferver), Mumps	黏膜炎、黏液、流產布魯氏菌病（波狀熱）、腮腺炎。

29.5-	Clot, Emboli	凝塊、血栓。
30-	Carcinoma, Carcinoma Toxins	癌、癌毒素。
30.5-	Blood Cancer-Found in Leukemia and Blood Dyscrasias; Allergy Spasm Type, Spasm	血癌—發現於白血病和血液失調；過敏痙攣型。
31-	Causes Real Pain-Found in Stomach, Throat, etc. ; Arthritis, Basis of Colds	引發真正的疼痛—在胃、喉嚨等處發現。關節炎、感冒的初期。
32-	Colds-Causes Watery Discharges-Found in Eyes, Sinuses, Turbinates	感冒—導致水樣分泌物—見於眼睛、鼻竇、鼻甲。
33-	One of the Undulant Fevers-May be Found Throughout the Body	波狀發燒的—可能整個身體都有機會有這種現象。
34-	Staph, Black Mold, Diverticulitis, Styes, Varicose Veins	金黃色葡萄球菌、黑黴菌、憩室炎、麥粒腫、靜脈曲張。
35-	An Irritant Often Found with Staph; Black Mold, Leukemia, Pus	經常發垷有金黃色葡萄球菌的刺激：黑黴菌、白血病、膿液。
35.5-	Hemorrhage	出血。
36-	Localized Spasms, Convulsions, Allergy	局部痙攣、抽搐、過敏。
37-	Similar to Flu, Excessive Sodium Chloride, Vomiting	類似於流感、氯化鈉過多、嘔吐。
38-	Similar-the One Most Often Found	相似—最常見的。
38.75-	Psora	疥瘡。
39-	Found in Colon, Skin, Brain, Liver, Almost Any Place（39-89 = Roundworms）	發現於結腸、皮膚、大腦、肝臟、幾乎任何地方（39–89=圓蟲）。
40-	Congestion-Found Almost Any Place in the Body; Inflammation	阻塞—幾乎存在於人體任何地方：發炎。

數字	英文	中文
41-	Nickel-poison Found Almost Any place-Causes Teeth to Loosen; Ulceration	鎳毒物幾乎可以在任何地方發現—導致牙齒鬆動；潰瘍。
42-	Tuberculosis; Causes Weakness, Burns; Cataracts	結核病：導致虛弱、燒傷；白內障。
42.5-	Cystic Tumor, Fungus, Sneezing	囊性腫瘤、真菌、打噴嚏。
43-	Found Where Pain and Pus Are Involved-For Example, in Milk Leg and Ulcerated Teeth; Ulceration	見於疼痛和流膿的部位—例如：股白腫病和潰瘍的牙齒；潰瘍。
44-	Toxin Found with Other Diseases （Balance Out Others First）	其他疾病中發現的毒素（先平衡其他疾病）。
45-	Fungs-Found in Leprosy and Scaly Skin-Also in Ears, Eyes , Sinuses, Meninges, Connective Tissues, etc.	真菌—在麻風病和鱗狀皮膚中發現—也存在於耳朵、眼睛、鼻竇、腦膜、結締組織等中。
46-	Flu-Found in Stomach, Duodenum, Muscles, Ears（Earache）	流感—發現於胃、十二指腸、肌肉、耳朵（耳痛）。
47-	May be Food Poison-Found in Cramps and Diarrhea; Herpes Simplex（Skin）, Mouth Sores	可能是食物中毒—見於痙攣和腹瀉；單純皰疹（皮膚）、口腔潰瘍。
47.5-	Causes Stinging and Burning Similar to 24. 5	導致刺痛和燃燒、類似於24.5。
48-	Virus "X", Toxins, Insecticide Poisoning	病毒「X」、毒素、殺蟲劑中毒。X表示為不明病毒、一般可以透過沾黏板手動查出。
49-	Goes up When Treated; May Be a Quality of the Blood. （Balance with Caution）	治療時上升；可能是血的質量（進行等化時、需要謹慎一點）。
50-	Anemia, Cancer, Increases Appetite	貧血、癌症、食慾增加。

51-	Undulant Fever-Often Accompanies and is Similar to 8, 34, and 43 in Ulceration, Pus, etc.	波狀熱—常伴有潰瘍、流膿等、與8、34、43類似。
52-	Arsenic	砷。
52.5-	Like Staph or Ulceration-Causes Pain	像葡萄球菌或潰瘍—引起疼痛。
53-	Toxicity-Causes Severe Weakness, Nerve Tension, Shakiness, Paylsy. No Pain	毒性作用—會導致多處虛弱、神經緊張、顫抖、麻痺。不會疼痛。
54-	Necrosis-Found Where Tissues Are Destroyed. DO NOT USE！X-Ray Burn, Gangrene	壞死—發現組織被破壞的地方。不建議進行等化！X射線燒傷、壞疽。
55-	Inflammation, Styes	炎症、麥粒腫。
56-	Bonine Virus, Absorption Rate, Bang's Disease	博尼恩病毒、吸收率、邦氏病。
57-	Undulant Fever-Causes Great Weakness-Found in Heart, Liver, Lymphatics, Kidney, etc.	波狀熱（布氏桿菌病）—導致嚴重的虛弱—可在心、肝、淋巴管、腎等處發現。
57.5-	Amoebic Dysentery	阿米巴痢疾。
58-	Sarcoma, MS, Tumor, Benign Tumor, Undulant Fever	肉瘤、多發性硬化症、腫瘤、良性腫瘤、布氏桿菌病。
58.5-	Chronic Inflammation	慢性炎症。
59-	Undulant Fever-Similar to 57	波狀熱—有點像57。
59.5-	Spider Bite	蜘蛛咬傷。
60-	Streptococcus, Necrotic Tissue, Varicose Veins	鏈球菌、壞死組織、靜脈曲張。
60.5-	Found in Colds, Sinuses, Eyes, Mucous Membranes	常見感冒發作於鼻竇、眼睛、黏膜。

數字	英文	中文
61-	Found in Colds, Sinuses, Eyes, Mucous Membranes-Similar to 60.5, Flu	發現於感冒、鼻竇、眼睛、黏液膜——類似於60.5、流感。
62-	Bacillus Coli	大腸桿菌。
63-	Similar to Flu, Albumin in Urine, Arthritis	類似於流感、尿中白蛋白、關節炎。
64-	?	不明。
65-	Undulant Fever	波狀熱（布氏桿菌病）。
66-	Found in Muscle-possibly Discarnate Attack	在肌肉中發現——可能是無形的攻擊。
67-	Undulant Fever-causes Burning Sensation	波狀熱——引起燒灼感。
68-	Flu and La Grippe - Cause Ashy Muscle	流感和流行性感冒——引起的肌肉疼痛。
69-	Found in Multiple Sclerosis; Earache, Hardening and Calcification	在多發性硬化症發現、耳痛、硬化和鈣化。
70-	Excess Alcohol, Alcohol Poisoning	過量飲酒、酒精中毒。
71-	Burns-Sunburn-Found in All Cases of Burns, Even in Internal Tissues and Organs	灼傷——曬傷——可在所有的燒傷案例中發現、甚至是在內部組織和器官。
72-	HCL-May Be Found in Any Tissues or Organ	鹽酸（Hydrochloric acid）、亦叫氫氯酸——可以在任何組織或器官中找到。
73-	?	不明。
74-	Found in Multiple Sclerosis	見於多發性硬化症。
75-	Coliosepsis	結腸敗血症。

76-	Colds-Sneezy, Watery	感冒——打噴嚏、流鼻水。
77-	Hypotonicity-Depletion of Nerve, Muscles, etc. Flaccidity	低滲——神經、肌肉等的耗竭；軟弱無力。
78-	Flu, colds, Pneumococcus, Spermatic Cord, Encapsulating Cancer	流感、感冒、肺炎球菌、精索、包膜癌。
79-	Found in Muscle	在肌肉中發現。
79.5-	Pain	疼痛。
80-	Metal Poison-Lead; Hives	金屬毒害——鉛；麻疹。
81-	Fibrosis-Found Throughout the Body; Scar Tissue	纖維化——遍布全身；疤痕組織。
82-	Often Accompanies 71 in Burns; May Have Something to Do with Moles; Virus "R", Algae（primary cause in Cancer）, Burns From Excess HCL, Colds, Polio, Fungus, Sodium	經常伴隨著71在燒燙傷；可能與痣有關；病毒「R」、藻類（癌症的主要原因）、過量鹽酸灼傷、感冒、脊髓灰質炎、真菌、鈉。
83-	Fungus-Found in Colon, Stomach; Multiple Sclerosis, Frequently Present with Fever	真菌——發現於結腸、胃；多發性硬化症、經常出現發燒。
84-	Found with 4 in Pneumonia, Also in Throat and Bronchi in Laryngitis Found in Heart, Lungs, Kidneys, Brain	在肺炎中發現有四種、在喉炎中也存在於喉嚨和支氣管中、在心臟、肺、腎臟、腦中發現。
85-	Allergy-Found in Poison Ivy; Hay Fever, Fungus	過敏——發現於毒藤；花粉熱、真菌。
86-	Fungs-Found Throughout the Body; Trench Mouth	真菌——遍布全身；戰壕口炎（Trench mouth）又稱為壞死潰瘍性牙齦炎

數字	英文	中文
87-	Fatty Tumor, Flu, coughs, Whooping Cough, TB Found with 42	脂肪瘤、流感、咳嗽、百日咳、結核病發現有42。
88-	Worm Rate, Pustules, Flu, Syphilis	蠕蟲率、膿皰、流感、梅毒。
89-	Worm Rate, Pustules, Flu, Syphilis	蠕蟲率、膿皰、流感、梅毒。
90-	Fibroid Tumor	纖維瘤。
91-	Virus-Often Accompanies 2 and 83; Cancer Toxins	病毒—通常伴隨2和83；癌症毒素。
92-	Gastric Ulcer-Causes Pain	胃潰瘍—引起疼痛。
92.75-	Alcohol Poisoning	酒精中毒。
93-	Found in Multiple Sclerosis	在多發性硬化症中發現。
94-	Virus-Herpes Simplex	病毒—單純皰疹病毒。
95-	Negative Polarity-Found in Fever	負極性—出現在發燒現象。
96-	Coryza	鼻炎。
97-	Could Be Formaldehyde-May Have to Do with Smallpox	可能是甲醛—可能與天花有關。
98-	Building Rate-Similar to 1	創化等化率—類似於1。
99-	?	不明。
100-	?	不明。

量子空間等化儀：
穴位對應表

Quantum Space Equalization Instrument: Acupoint
Correspondence Table

在量子空間等化儀裡面的資料庫已經內含中醫的12條經脈，但是對於中醫較不熟悉的讀者，可能比較難明白？因此，我特別整理了12經脈中每個穴位的常用功能，讓讀者們可以比對後，較容易有所選擇。

 手太陰肺經（Lung Meridians）

子午流注：寅時（03-05）		
儀器穴位編號	中醫對應穴名	穴位主治
Lung 1	中府	咳嗽、氣喘、胸滿痛、胸中煩熱、面腹腫、食不下、嘔噦、肩背痛、皮膚痛。
Lung 2	雲門	咳嗽、哮喘、胸痛、肩背痛。
Lung 3	天府	哮喘、上背內側痛。
Lung 4	俠白	咳嗽、氣促、胸痛、上背內側痛、乾嘔。
Lung 5	尺澤	咳嗽、氣喘、咳血、潮熱口乾、咽喉腫痛等肺疾、心痛、胸滿、肘臂攣痛、急性吐瀉、嘔吐、中暑、小兒驚風、小便頻數。
Lung 6	孔最	咳血、咯血、咳嗽、氣喘、失音、咽喉腫痛、頭痛、痔瘡、肘臂攣痛。

儀器穴位編號	中醫對應穴名	穴位主治
Lung 7	列缺	咳嗽、氣喘、咽喉腫痛、掌中熱、頭痛、齒痛、項強、偏正、半身不遂、口眼歪斜等頭項疾患。
Lung 8	經渠	咳嗽、氣喘、喉痺、胸痛、胸滿、掌熱、咽喉腫痛、手腕痛。
Lung 9	太淵	咳嗽、氣喘、咳血、嘔血、胸滿、掌心熱、缺盆中痛、喉痺、乳部刺痛、無脈症、腕臂痛。
Lung 10	魚際	咳嗽、咳血、失音、身熱、乳癰、肘攣、喉痺咽乾、咽喉腫痛、失音、小兒疳積。
Lung 11	少商	咽喉腫痛、鼻衄、喉痺、咳嗽、氣喘、重舌、心下滿、高熱、中風、昏迷、癲狂、中暑、嘔吐、熱病、小兒驚風、指腕攣急。

手陽明大腸經（Large Intestine Meridians）

子午流注：卯時（05-07）		
儀器穴位編號	中醫對應穴名	穴位主治
Large Intestine 1	商陽	齒痛、咽喉腫痛等五官疾患、熱病、昏迷。
Large Intestine 2	二間	鼻衄、齒痛等五官疾患、熱病。
Large Intestine 3	三間	齒痛、咽喉腫痛、腹脹、腸鳴、嗜睡。
Large Intestine 4	合谷	頭痛、目赤腫痛、鼻衄、齒痛、口眼歪斜、耳聾等頭面五官諸疾、諸痛症、熱病、無汗、多汗、經閉、滯產。
Large Intestine 5	陽谿	手腕痛、頭痛、目赤腫痛、耳聾等頭面五官疾患。
Large Intestine 6	偏歷	耳鳴、鼻衄等五官疾患、手臂酸痛、腹部脹滿、水腫。

Large Intestine 7	溫溜	急性腸鳴腹痛、疔瘡、頭痛、面腫、咽喉腫痛、肩背酸痛。
Large Intestine 8	下廉	肘臂痛、頭痛、眩暈、目痛、腹脹、腹痛。
Large Intestine 9	上廉	肘臂痛、半身不遂、手臂麻木、頭痛、腸鳴腹痛。
Large Intestine 10	手三里	手臂無力、上肢不遂、腹痛、腹瀉、齒痛、頰腫。
Large Intestine 11	曲池	手臂痺痛、上肢不遂、熱病、高血壓、癲狂、腹痛、吐瀉、五官疼痛、癮疹、溼疹、瘰癧。
Large Intestine 12	肘髎	肘臂部疼痛、麻木、攣急。
Large Intestine 13	手五里	肘臂攣痛、瘰癧。
Large Intestine 14	臂臑	肩臂疼痛不遂、頸項拘攣、瘰癧、目疾。
Large Intestine 15	肩髃	肩臂攣痛、上肢不遂、癮疹。
Large Intestine 15	肩髃	肩臂攣痛、上肢不遂、癮疹。
Large Intestine 16	巨骨	肩臂攣痛、臂不舉、瘰癧、癭氣。
Large Intestine 17	天鼎	暴喑氣梗、咽喉腫痛、瘰癧、癭氣。
Large Intestine 18	扶突	咽喉腫痛、暴喑、癭氣、瘰癧、咳嗽、氣喘。
Large Intestine 19	口禾髎	鼻塞、鼽衄、口歪、口噤。
Large Intestine 20	迎香	鼻塞、鼽衄、口歪、膽道蛔蟲症。

3 SECTION 足陽明胃經（Stomach Meridians）

子午流注：辰時（07-09）		
儀器穴位編號	中醫對應穴名	穴位主治
Stomach 1	承泣	目疾、眼目赤痛、迎風流淚、夜盲、眼瞼潤動、口眼歪斜、面肌痙攣。
Stomach 2	四白	目疾、口眼歪斜、三叉神經痛、面肌痙攣、頭痛、眩暈。

儀器穴位編號	中醫對應穴名	穴位主治
Stomach 3	巨髎	口角歪斜、鼻衄、齒痛、唇頰腫。
Stomach 4	地倉	口角歪斜、流涎、三叉神經痛。
Stomach 5	大迎	口角歪斜、頰腫、齒痛、牙關緊閉、面腫、唇吻瞤動。
Stomach 6	頰車	齒痛、牙關不利、頰腫、口角歪斜。
Stomach 7	下關	牙關不利、三叉神經痛、齒痛、口眼歪斜、耳聾、耳鳴、聤耳。
Stomach 8	頭維	頭痛、目眩、目痛。
Stomach 9	人迎	齒痛、牙關不利、頰腫、口角歪斜。
Stomach 10	水突	咽喉腫痛、咳嗽、氣喘。
Stomach 11	氣舍	咽喉腫痛、癭瘤、瘰癧、氣喘、呃逆、頸項強。
Stomach 12	缺盆	咳嗽、氣喘、咽喉腫痛、缺盆中痛、瘰癧。
Stomach 13	氣戶	咳嗽、氣喘、呃逆、胸脅滿痛。
Stomach 14	庫房	咳嗽、氣喘、咳唾膿血、胸肋脹痛。
Stomach 15	屋翳	咳嗽、氣喘、咳唾膿血、胸肋脹痛、乳癰。
Stomach 16	膺窗	咳嗽、氣喘、胸肋脹痛、乳癰。
Stomach 17	乳中	本穴不針不灸、只作胸腹部腧穴的定位。
Stomach 18	乳根	乳癰、乳汁少、咳嗽、氣喘、呃逆、胸痛。
Stomach 19	不容	嘔吐、胃痛、納少、腹脹等胃疾。
Stomach 20	承滿	胃痛、吐血、納少等胃疾。
Stomach 21	梁門	納少、胃痛、嘔吐等胃疾。
Stomach 22	關門	腹脹、腹痛、腸鳴腹瀉等胃腸疾。
Stomach 23	太乙	胃病、心煩、癲狂。
Stomach 24	滑肉門	胃痛、嘔吐、癲狂。

Stomach 25	天樞	腹痛、腹脹、便祕、腹瀉、痢疾等胃腸病、月經不調、痛經。
Stomach 26	外陵	腹痛、疝氣、痛經。
Stomach 27	大巨	小腹脹滿、小便不利、疝氣、遺精、早洩。
Stomach 28	水道	小腹脹滿、小便不利、疝氣、痛經、不孕。
Stomach 29	歸來	小腹痛、疝氣、月經不調、帶下、陰挺。
Stomach 30	氣衝	腸鳴腹痛、疝氣、月經不調、不孕、陽萎、陰腫。
Stomach 31	髀關	下肢痿痹、腰痛膝冷。
Stomach 32	伏兔	下肢痿痹、腰痛膝冷、疝氣、腳氣。
Stomach 33	陰市	下肢痿痹、膝關節屈伸不利、疝氣。
Stomach 34	梁邱	膝腫痛、下肢不遂、急性胃痛、乳癰、乳痛。
Stomach 35	犢鼻	膝痛、屈伸不利、下肢麻痹。
Stomach 36	足三里	胃痛、嘔吐、噎膈、腹脹、腹瀉、痢疾、便祕等胃腸諸疾、下肢痿痹、心悸、高血壓、癲狂、乳癰、虛勞諸症、為強壯保健要穴。
Stomach 37	上廉	腸鳴、腹痛、腹瀉、便祕、腸癰等腸胃疾患、下肢痿痹。
Stomach 38	條口	下肢痿痹、轉筋、肩臂痛、脘腹疼痛。
Stomach 39	下廉	腹瀉、痢疾、小腹痛、下肢痿痹、乳癰。
Stomach 40	豐隆	頭痛、眩暈、癲狂、咳嗽痰多、下肢痿痹。
Stomach 41	解谿	下肢痿痹、踝關節病、垂足、頭痛、眩暈、癲狂、腹脹、便祕。
Stomach 42	衝陽	胃痛、口眼歪斜、癲癇、足痿無力。
Stomach 43	陷谷	面腫、水腫、足背腫痛、腸鳴腹痛。
Stomach 44	內庭	齒痛、咽喉腫痛、鼻衄、熱病、胃病吐酸、腹瀉、痢疾、便祕、足背腫痛、蹠趾關節痛。
Stomach 45	厲兌	鼻衄、齒痛、咽喉腫痛、熱病、多夢、癲狂。

足太陰脾經（Spleen Meridians）

子午流注：巳時（09-11）		
儀器穴位編號	中醫對應穴名	穴位主治
Spleen 1	隱白	月經過多、過時不止、崩漏、便血、尿血、吐血等慢性出血、癲狂、多夢、煩心善悲、尸厥、驚風（慢）、腹滿、腹脹、暴泄、善嘔、心痛、胸滿、咳逆、喘息。
Spleen 2	大都	腹脹、胃痛、食不化、嘔吐、腹瀉、便祕、熱病、無汗、體重肢腫、厥心痛、不得臥、心煩。
Spleen 3	太白	腹痛、腸鳴、腹脹、嘔吐、腹瀉、痢疾、善噫食不化、飢不欲食、胃痛、便祕、痔漏、腳氣、心痛脈緩、胸脅脹痛、體重節痛、痿證。
Spleen 4	公孫	胃痛、嘔吐、飲食不化、腸鳴腹脹、腹痛、腹瀉、痢疾、多飲、霍亂、水腫、煩心失眠、發狂妄言、嗜臥、腸風下血、腳氣。
Spleen 5	商丘	腹脹、腸鳴、腹瀉、便祕、食不化、咳嗽、黃疸、怠惰嗜臥、癲狂、善笑、小兒癇契、痔疾、足踝痛。
Spleen 6	三陰交	腸鳴腹脹、腹瀉等脾胃虛弱諸症、消化不良、月經不調、崩漏、經閉、帶下、陰挺、不孕、滯產、難產、產後血暈、惡露不行、陰挺、赤白帶下、癥瘕、陰莖痛、遺精、陽萎、疝氣、睪丸縮腹、小便不利、遺尿等生殖泌尿系統疾患、心悸、失眠、高血壓、溼疹、水腫、下肢痿痺、陰虛諸症。
Spleen 7	漏谷	腹脹、腸鳴、偏墜、小便不利、遺精、女人漏下赤白、下肢痿痺、腿膝厥冷。
Spleen 8	地機	痛經、崩漏、月經不調、女子癥瘕、腹脹、腹痛、食慾不振、腹瀉、痢疾、小便不利、水腫。
Spleen 9	陰陵泉	腹脹、腹瀉、暴泄、水腫、黃疸、喘逆、小便不利或失禁、陰莖痛、婦人陰痛、遺精、膝痛。

Spleen 10	血海	月經不調、痛經、經閉、崩漏、股內側痛、癮疹、皮膚溼疹、丹毒。
Spleen 11	箕門	小便不利、五淋、遺尿、腹股溝腫痛。
Spleen 12	衝門	腹痛、疝氣、痔痛、小便不利、胎氣上衝、崩漏、帶下。
Spleen 13	府舍	腹痛、腹滿積聚、疝氣、霍亂吐瀉。
Spleen 14	腹結	腹痛、繞臍腹痛、腹瀉、腹寒泄瀉、咳逆、疝氣。
Spleen 15	大橫	腹痛、小腹痛、腹瀉、虛寒瀉痢、大便祕結、善悲。
Spleen 16	腹哀	消化不良、繞臍痛、腹痛、便祕、痢疾。
Spleen 17	食竇	胸脅脹痛、噫氣、翻胃、食已即吐、腹脹腸鳴、水腫。
Spleen 18	天谿	胸脅疼痛、咳嗽、乳癰、乳痛、乳汁少。
Spleen 19	胸鄉	胸脅脹痛、胸引背痛不得臥。
Spleen 20	周榮	咳嗽、咳唾穢膿、脅肋痛、氣喘、氣逆、食不下、胸脅脹滿。
Spleen 21	大包	氣喘、胸脅痛、全身疼痛、急性扭傷、四肢無力。

5 SECTION 手少陰心經（Heart Meridians）

子午流注：午時（11-13）		
儀器穴位編號	中醫對應穴名	穴位主治
Heart 1	極泉	心痛、胸悶、心悸、氣短、悲愁不樂、乾嘔噦、目黃、肩臂疼痛、脅肋疼痛、臂叢神經損傷、瘰鬁、腋臭、上肢針麻用穴。
Heart 2	青靈	頭痛、振寒、目黃、脅痛、肩臂疼痛。
Heart 3	少海	心痛、癔病、暴喑、健忘、癲狂善笑、癇證、肘臂攣痛、臂麻手顫、頭項痛、目眩、腋脅痛、瘰鬁（瘰癧）。

儀器穴位編號	中醫對應穴名	穴位主治
Heart 4	靈道	心痛、悲恐善笑、暴喑、乾嘔、肘臂攣痛、抽筋。
Heart 5	通里	心痛、心悸、怔忡、舌強不語、悲恐畏人、暴喑、面紅、婦人經血過多、崩漏。虛煩、盜汗、腕臂痛。
Heart 6	陰郄	心痛、驚悸、骨蒸盜汗、吐血、衄血、失音。
Heart 7	神門	心痛、心煩、驚悸、怔忡、恍惚、健忘、失眠、癡呆、悲哭、癲癇等心與神志病變、嘔血、吐血、目黃脅痛、失喑、喘逆上氣、高血壓、胸脅痛。
Heart 8	少府	心悸、心痛、心煩、胸痛、善笑、悲恐驚、陰癢、陰挺、陰痛、小便不利、癰瘍、手小指攣痛、拘攣。
Heart 9	少沖	心悸、心痛、癲狂、熱病、昏迷、胸脅痛、胸滿氣急、手攣臂痛。

手太陽小腸經（Small Intestine Meridians）

子午流注：未時（13-15）		
儀器穴位編號	中醫對應穴名	穴位主治
Small Intestine 1	少澤	乳癰、乳汁少、昏迷、熱病、汗不出、中風、頭痛、目翳、咽喉腫痛、瘧疾、耳鳴、耳聾、肩臂外後側疼痛。
Small Intestine 2	前谷	熱病汗不出、癲狂、癇證、乳癰、乳汁少、無乳、小便赤難、頭痛、目痛、耳鳴、咽喉腫痛、瘧疾、氣出、目翳、鼻塞、頰腫、頭項急痛、臂痛肘攣、手指麻木。
Small Intestine 3	後谿	頭項強痛、腰背痛、手指及肘臂攣痛、耳聾、目赤目翳、目眩、目赤爛、疥瘡、黃疸、癲狂、癇證、熱病、盜汗、瘧疾。

Small Intestine 4	腕骨	指攣腕痛、頭項強痛、頸項頷腫、臂痛、目翳、目流冷淚、黃疸虛浮、耳鳴、熱病汗不出、瘧疾、消渴、驚風。
Small Intestine 5	陽谷	頸頷腫、腰項急、肩痛、臂外側痛、腕痛、頭痛、目眩、耳鳴、耳聾、疥瘡、生疣、痔漏、齒痛、熱病汗不出、癲癇。
Small Intestine 6	養老	目視不明、肩、背、肘、臂酸痛、急性腰疼。
Small Intestine 7	支正	頭痛、項強、肘臂酸痛、肘攣、手指痛、熱病、癲狂、易驚、善笑恐悲驚、健忘、消渴、疣症（生疣）、疥瘡。
Small Intestine 8	小海	肘臂疼痛、麻木、頸項肩臂外後側痛、癲癇、癲狂、頭痛目眩、耳聾耳鳴、瘍腫、頰腫。
Small Intestine 9	肩貞	肩臂疼痛、上肢不遂、肩胛痛、手臂痛麻、不能舉、缺盆中痛、耳聾耳鳴、熱病瘰癧。
Small Intestine 10	臑俞	肩臂疼痛、無力、肩不舉、頸項瘰癧。
Small Intestine 11	天宗	肩胛疼痛、肘臂外後側痛、肩背部損傷、氣喘、乳癰、頰頷腫痛。
Small Intestine 12	秉風	肩胛疼痛、上肢酸麻。
Small Intestine 13	曲恒	肩胛疼痛。
Small Intestine 14	肩外俞	肩背疼痛、頸項強急、上肢冷痛。
Small Intestine 15	肩中俞	咳嗽、唾血、目視不明、氣喘、發寒發熱、肩背疼痛。
Small Intestine 16	天窗	耳鳴、耳聾、咽喉腫痛、暴瘖、中風、癮疹、狂證、頸項強痛。
Small Intestine 17	天容	耳鳴、耳聾、咽喉腫痛、咽中如梗、頰腫、嘔逆吐沫、頭痛、頸項強痛。

儀器穴位編號	中醫對應穴名	穴位主治
Small Intestine 18	顴髎	口眼歪斜、眼瞼目閏動、齒痛、目黃、面赤、唇癰、三叉神經。
Small Intestine 19	聽宮	耳鳴、耳聾、聤耳等諸耳疾、齒痛、癲狂、癇證。

7 足太陽膀胱經（Urinary Bladder Meridians）

SECTION

子午流注：申時（15-17）		
儀器穴位編號	中醫對應穴名	穴位主治
Urinary Bladder 1	睛明	目赤腫痛、流淚、見風流淚、目眥癢、目翳、視物不明、目眩、近視、夜盲、色盲等目疾、急性腰扭傷、坐骨神經痛、心動過速。
Urinary Bladder 2	攢竹	頭痛、眉棱骨痛、眼瞼潤動、眼瞼下垂、口眼歪斜、目眩、目視不明、流淚、迎風流淚、目赤腫痛、呃逆。
Urinary Bladder 3	眉沖	頭痛、目眩、眩暈、目視不明、癇證、鼻塞、鼻衄。
Urinary Bladder 4	曲差	頭痛、目眩、目痛、目視不明、鼻塞、鼻衄、喘息、心煩滿。
Urinary Bladder 5	五處	頭痛、目眩、目視不明、癲癇、小兒驚風。
Urinary Bladder 6	承光	頭痛、目眩、煩心嘔吐、目視不明、鼻塞、多涕、熱病、無汗。
Urinary Bladder 7	通天	頭痛、頭重、眩暈、口渦、鼻塞、鼻流清涕、鼻瘡、鼻衄、鼻淵、頸項轉側難、癭氣。
Urinary Bladder 8	絡卻	頭暈、目視不明、眩暈、耳鳴、鼻塞、口渦、癲狂、癇證、項腫、癭瘤。

Urinary Bladder 9	玉枕	頭項痛、惡風寒、嘔吐、不能遠視、目痛、鼻塞。
Urinary Bladder 10	天柱	後頭痛、項強、肩背腰痛、痿證、眩暈、目赤腫痛、鼻塞、不知香臭、咽腫、癲癇、熱病。
Urinary Bladder 11	大杼	咳嗽、發熱、鼻塞、頭痛、喉痺、項強、肩背痛、癲狂。
Urinary Bladder 12	風門	感冒、咳嗽、發熱、頭痛、目眩、多涕、鼻塞、胸中熱、項強、胸背痛。
Urinary Bladder 13	肺俞	咳嗽、氣喘、咯血等肺疾、喉痺、胸滿、骨蒸潮熱、盜汗、腰背痛。
Urinary Bladder 14	厥陰俞	心痛、心悸、咳嗽、胸悶、嘔吐。
Urinary Bladder 15	心俞	心痛、驚悸、心悸、失眠、心煩、健忘、癲癇、盜汗等心與神志病變、咳嗽、吐血、夢遺、心痛、胸引背痛。
Urinary Bladder 16	督俞	心痛、胸悶、腹脹、腹痛、腹鳴逆氣、寒熱、氣喘。
Urinary Bladder 17	隔俞	胃脘脹痛、嘔吐、呃逆、氣喘、咳嗽、吐血等上逆之症、貧血、各種與血有關疾病、癮疹、皮膚瘙癢、潮熱、盜汗。
Urinary Bladder 18	肝俞	肝疾、脅痛、滿急、小腹痛、疝氣、轉筋、多怒、黃疸、目疾、唾血、胸滿心腹積聚痞疼痛、咳逆口乾、癲癇、脊背痛。
Urinary Bladder 19	膽俞	黃疸、口苦、脅痛等肝膽疾患、飲食不下、咽痛乾、嘔吐、肺癆、潮熱、骨蒸勞熱。
Urinary Bladder 20	脾俞	腹脹、脅痛、黃疸、納呆、嘔吐、腹瀉、痢疾、便血、完穀不化、水腫等脾胃疾患、嗜臥、羸瘦、玄癖積聚、瘧疾寒熱、善欠、不嗜食、慢脾風、背痛。
Urinary Bladder 21	胃俞	胃脘痛、嘔吐、腹脹、翻胃、腸鳴、完穀不化、胸肋痛、霍亂等胃疾。

儀器穴位編號	中醫對應穴名	穴位主治
Urinary Bladder 22	三焦俞	腸鳴、腹脹、完穀不化、嘔吐、腹瀉、痢疾、小便不利、水腫等脾胃疾患、腰背強痛。
Urinary Bladder 23	腎俞	腰痛、腰膝痠痛、水腫、洞泄、喘咳少氣、遺尿、小便頻數、遺精、陽萎、月經不調、帶下等生殖泌尿系疾患、耳鳴、耳聾、目昏。
Urinary Bladder 24	氣海俞	腸鳴腹脹、痛經、痔漏、腰痛、腿膝不利。
Urinary Bladder 25	大腸俞	腰腿痛、腹脹、腹痛、腸鳴、腹瀉、便祕、痢疾。
Urinary Bladder 26	關元俞	腹脹、腹瀉、大便不利、腰骶痛、小便頻數或不利、遺尿、消渴。
Urinary Bladder 27	小腸俞	遺精、遺尿、尿血、尿痛、帶下、小腹脹痛、腹瀉、痢疾、痔疾、疝氣、消渴、腰骶痛。
Urinary Bladder 28	膀胱俞	小便不利、遺尿、遺精、淋濁、女子瘕聚、陰部腫痛、腰骶痛、腰脊強痛、膝足寒冷無力、腹瀉、腹痛、便祕。
Urinary Bladder 29	中膂俞	腹瀉、痢疾、疝氣、消渴、腰骶痛、腰脊強痛。
Urinary Bladder 30	白環俞	遺尿、遺精、月經不調、帶下、疝氣、腰骶痛。
Urinary Bladder 31	上髎	大小便不利、月經不調、帶下、陰挺、遺精、陽萎、絕嗣、腰骶痛。
Urinary Bladder 32	次髎	月經不調、痛經、赤白帶下等婦科疾患、小便不利、小便赤淋、遺精、疝氣、腰骶痛、下肢痿痹、腰以下至足不仁。
Urinary Bladder 33	中髎	便祕、腹瀉、小便不利、月經不調、赤白帶下、腰骶痛。

Urinary Bladder 34	下髎	腹痛、腸鳴、泄瀉、便祕、小便不利、帶下、腰骶痛。
Urinary Bladder 35	會陽	痢疾、便血、痔疾、腹瀉、陽萎、帶下。
Urinary Bladder 36	承扶	腰骶臀股部疼痛、大便難、痔疾。
Urinary Bladder 37	殷門	腰痛、下肢痿痹、腰脊強痛、不可俯仰、大腿疼痛。
Urinary Bladder 38	浮郄	股膕部疼痛、麻木、膕筋攣急、不得臥、霍亂轉筋、小便熱、便祕。
Urinary Bladder 39	委陽	胸膨滿、腹滿、小便不利、遺尿、水腫脹、腰脊強痛、腿足攣痛、痿厥不仁、腰痛引腹、不得俯仰。
Urinary Bladder 40	委中	腰背痛、髖關節屈伸不利、膕筋攣急、下肢痿痹、中風昏迷、瘧疾、癲疾反折、衄血、發熱無汗、腹痛、急性吐瀉、小便不利、遺尿、丹毒、叮瘡、發背。
Urinary Bladder 41	附分	頸項強痛、肩背拘急、肘臂麻木、風寒客於腠理。
Urinary Bladder 42	魄戶	咳嗽、氣喘、肺癆、項強、肩背痛。
Urinary Bladder 43	膏肓	咳嗽、氣喘、肺癆、肩胛痛、虛勞諸疾、吐血、盜汗、健忘、遺精、完穀不化。
Urinary Bladder 44	神堂	咳嗽、氣喘、胸悶、脊背強痛。
Urinary Bladder 45	譩譆	咳嗽、氣喘、肩背痛、瘧疾、熱病。
Urinary Bladder 46	膈關	胸悶、噯氣、嘔吐、飲食不下、脊背強痛。
Urinary Bladder 47	魂門	胸脅痛、背痛、筋攣骨痛、嘔吐、飲食不下、腸鳴、腹瀉。

儀器穴位編號	中醫對應穴名	穴位主治
Urinary Bladder 48	陽剛	腸鳴、腹痛、腹瀉、黃疸、消渴。
Urinary Bladder 49	意舍	腹脹、腸鳴、嘔吐、腹瀉、飲食不下。
Urinary Bladder 50	胃倉	胃脘痛、腹脹、小兒食積、水腫、背脊痛。
Urinary Bladder 51	肓門	腹痛（上）、痞塊、便祕、乳疾。
Urinary Bladder 52	志室	遺精、陽萎、陰痛下腫、小便不利、水腫、腰脊強痛。
Urinary Bladder 53	胞肓	腸鳴、腹脹、便祕、癃閉、陰腫、腰脊強痛。
Urinary Bladder 54	秩邊	腰骶痛、下肢痿痹、小便不利、便祕、痔疾、陰痛。
Urinary Bladder 55	合陽	腰脊強痛、腰脊引腹痛、陰暴痛、下肢痿痹、疝氣、崩漏。
Urinary Bladder 56	承筋	腰腿拘急、疼痛、痔疾、霍亂轉筋。
Urinary Bladder 57	承山	腰腿拘急、疼痛、腳氣、痔疾、便祕、疝氣、腹痛、癲疾、鼻衄。
Urinary Bladder 58	飛揚	頭痛、目眩、鼻塞、鼻衄、腰腿疼痛、腿軟無力、痔疾、痔篡痛、癲狂。
Urinary Bladder 59	附陽	腰骶痛、下肢痿痹、外踝腫痛、頭痛、頭重。
Urinary Bladder 60	崑崙	後頭痛、目眩、項強、肩背拘急、腰痛、腰骶疼痛、足踝腫痛、腳跟痛、癲癇、小兒癇證、滯產、難產、瘧疾。

Urinary Bladder 61	僕參	下肢痿痺、足跟痛、腳氣膝腫、癲癇、霍亂轉筋。
Urinary Bladder 62	申脈	頭痛、眩暈、目赤痛、項強、癲癇、失眠、腰腿酸痛、足脛寒、不能久立。
Urinary Bladder 63	金門	頭痛、腰痛、下肢痿痺、外踝痛、癲癇、小兒驚風。
Urinary Bladder 64	京骨	頭痛、善搖頭、目翳、鼻衄、項強、膝痛腳攣、腰腿疼、癲癇。
Urinary Bladder 65	束骨	頭痛、項強、目眩、目黃、耳聾、痔瘡、腰腿痛、下肢後側痛、癰疽、背生疔瘡、癲狂。
Urinary Bladder 66	足通谷	頭痛、項強、鼻衄、目眩、癲狂、善驚、荄瘧。
Urinary Bladder 67	至陰	胞衣不下、胎位不正、滯產、難產、小便不利、轉筋、頭痛、目痛、鼻塞、鼻衄、足下熱。

8 足少陰腎經（Kidney Meridians）
SECTION

子午流注：酉時（17-19）		
儀器穴位編號	中醫對應穴名	穴位主治
Kidney 1	湧泉	昏厥、中暑、癲癇、小兒驚風、霍亂轉筋、頭痛（頭頂）、頭暈、目眩、失眠、咳血、咽喉腫痛、舌干、失音、喉痺、大便難、小便不利、奔豚氣、足心熱。急救要穴之一。
Kidney 2	然谷	月經不調、陰挺、陰癢、白濁、遺精、陽痿、消渴、腹瀉、小便不利、胸脅脹痛、黃疸、下肢痿痺、足跗痛、咳血、咽喉腫痛、小兒臍風、口噤。

儀器穴位編號	中醫對應穴名	穴位主治
Kidney 3	太谿	頭痛、目眩、失眠、健忘、咽喉腫痛、齒痛、耳鳴、耳聾、咳嗽、氣喘、咳血、胸痛、消渴、小便頻數、便祕、月經不調、遺精、陽痿、腰脊痛、下肢厥冷、內踝腫痛、腹脹。
Kidney 4	大鐘	癡呆、嗜臥、癃閉、遺尿、便祕（二便不利）、月經不調、咳血、氣喘、腰脊強痛、足跟痛。
Kidney 5	水泉	月經不調、痛經、經閉、陰挺、小便不利、目昏花、腹痛。
Kidney 6	照海	失眠、癲癇夜發、嗜臥、驚恐不寧、咽喉乾痛、目赤腫痛、腳氣、梅核氣、月經不調、痛經、帶下、陰挺、陰癢、疝氣、小便頻數、癃閉。
Kidney 7	復溜	水腫、汗證、盜汗、發熱無汗、舌乾口燥、腹脹、腹瀉、腸鳴、脈細無力、腰脊強痛、下肢痿痹。
Kidney 8	交信	月經不調、崩漏、陰挺、陰癢、疝氣、五淋、睪丸腫痛、瀉痢赤白、腹瀉、便祕、痢疾、月崇內廉痛。
Kidney 9	築賓	癲狂、疝氣、小兒胎疝、嘔吐涎沫、吐舌、小腿內側痛。
Kidney 10	陰谷	癲狂、陽痿、疝氣、月經不調、崩漏、小便不利、陰中痛、膝股內側痛。
Kidney 11	橫骨	少腹脹痛、陰部痛、小便不利、遺尿、遺精、陽痿、疝氣、五淋。
Kidney 12	大赫	遺精、陽痿、陰挺、帶下、陰部痛。
Kidney 13	氣穴	奔豚氣、月經不調、帶下、小便不利、腹瀉、痢疾、腰脊痛、目赤內眥。
Kidney 14	四滿	月經不調、崩漏、帶下、不孕、產後惡露不淨、遺精、小腹痛、臍下積、聚、疝、瘕、水腫。
Kidney 15	中注	月經不調、腰腹疼痛、便祕、腹瀉、痢疾。
Kidney 16	肓俞	腹痛（繞臍）、腹脹、腹瀉、便祕、月經不調、疝氣。

Kidney 17	商曲	胃痛、腹痛（切痛）、腹脹、腹瀉、便祕、腹中積聚、不嗜食。
Kidney 18	石關	胃痛、嘔吐、腹痛、腹脹、噧噫嘔逆、小便黃、便祕、不孕、心下堅滿、產後腹痛。
Kidney 19	陰都	胃痛、腹脹、便祕、身寒熱、心煩滿氣逆、瘧病、腸鳴、腹絞痛。
Kidney 20	腹通谷	腹痛、腹脹、胃痛、嘔吐、心痛、心悸、胸痛、暴瘖、目䀮䀮、咳喘、口渦。
Kidney 21	幽門	善噦、嘔吐、腹痛、腹脹、腹瀉、飲食不下、嘔沫如涎、胸脅背相引痛。
Kidney 22	步廊	胸痛、咳嗽、氣喘、嘔吐、不嗜食、乳癰。
Kidney 23	神封	胸脅支滿、咳嗽、氣喘、乳癰、嘔吐、不嗜食。
Kidney 24	靈墟	胸脅支滿、咳嗽、氣喘、乳癰、嘔吐。
Kidney 25	神藏	胸脅支滿、咳嗽、氣喘、乳癰、胸痛、嘔吐、煩滿、不嗜食。
Kidney 26	彧中	胸脅脹滿、不嗜食、咳嗽、氣喘、痰湧。
Kidney 27	俞府	咳嗽、氣喘、胸痛、嘔吐、不嗜食。

手厥陰心包經（Pericardium Meridians）

子午流注：戌時（19-21）		
儀器穴位編號	中醫對應穴名	穴位主治
Pericardium 1	天池	咳嗽、痰多、胸悶、心煩、氣喘、胸痛、乳癰、瘰癧。
Pericardium 2	天泉	心痛、咳嗽、胸脅脹滿、胸背及上臂內側痛。

儀器穴位編號	中醫對應穴名	穴位主治
Pericardium 3	曲澤	心痛、心悸、善驚、胃痛、嘔血、嘔吐、暑熱病、煩躁、肘臂攣痛、轉筋。
Pericardium 4	郄門	心痛、心悸、心煩胸痛、咳血、嘔血、衄血、疔瘡、癲癇。
Pericardium 5	間使	心痛、心悸、失喑、胃痛、嘔吐、乾嘔、熱病、煩躁、瘧疾、癲癇。
Pericardium 6	內關	心痛、心悸、不寐、胃痛、嘔吐、呃逆、脅痛、脅下痞塊、中風、失眠、眩暈、鬱證、癲癇、偏頭痛、熱病、肘臂攣痛。
Pericardium 7	大陵	心痛、心悸、胃痛、嘔吐、口臭、吐清涎、咳喘、咳血、庵疥、胸脅滿痛、喜笑悲恐、善笑、癲癇、臂、手攣痛。
Pericardium 8	勞宮	中風昏迷、中暑、心痛、煩悶、癲癇、嘔噦、胸脅痛、吐血衄血、大便血、咳喘、口瘡、舌爛、口臭、鵝掌風。
Pericardium 9	中沖	中風昏迷、舌強不語、中暑、昏厥、小兒驚風、熱病、吐瀉、耳鳴、心痛。

手少陽三焦經（Triple Warmer Meridians）

子午流注：亥時（21-23）		
儀器穴位編號	中醫對應穴名	穴位主治
Triple Warmer 1	關沖	頭痛、目赤、耳鳴、耳聾、喉痺、舌強、熱病、心煩。

Triple Warmer 2	腋門	頭痛、目赤、耳鳴、耳聾、喉痹、瘧疾、手臂痛。
Triple Warmer 3	中渚	頭痛、目眩、目赤、目生翳膜目痛、耳鳴、耳聾、喉痹、熱病、肩背肘臂酸痛、脊膂痛、手指不能屈伸。
Triple Warmer 4	陽池	目赤腫痛、耳聾、喉痹、消渴、口乾、瘧疾、腕痛、肩臂痛。
Triple Warmer 5	外關	熱病、傷寒、頭痛、頰痛、目赤腫痛、耳鳴、耳聾、瘰癧、脅肋痛、肩背痛、上肢痿痹不遂、肘臂伸屈不利、手指疼痛、手顫。
Triple Warmer 6	支溝	便祕、耳鳴、耳聾、暴喑、瘰癧、脅肋疼痛、肩背痠痛、熱病、嘔吐。
Triple Warmer 7	會宗	耳聾、癇證、上肢肌膚痛。
Triple Warmer 8	三陽絡	耳聾、暴喑、齒痛、齲齒痛、嗜臥、手臂痛。
Triple Warmer 9	四瀆	耳聾、暴聾、暴喑、齒痛（齲齒）、手臂痛。
Triple Warmer 10	天井	耳聾、癲癇、瘰癧、癭氣、偏頭痛、脅肋痛、頸項肩臂痛。
Triple Warmer 11	清冷淵	頭痛、目黃、振寒、肩臂痛不能舉。
Triple Warmer 12	消濼	頭痛、赤痛、項背痛。
Triple Warmer 13	臑會	瘰癧、癭氣、上肢痹痛。
Triple Warmer 14	肩髎	肩臂攣痛不遂、肩重不能舉。
Triple Warmer 15	天髎	肩臂痛、頸項強急、胸中煩悶、缺盆中痛、身熱汗不出、頸項急。

儀器穴位編號	中醫對應穴名	穴位主治
Triple Warmer 16	天牖	頭痛、頭眩、項強、目不明、暴聾、鼻衄、喉痹、瘰癧、肩背痛。
Triple Warmer 17	翳風	耳鳴、耳聾、口眼歪斜、牙關緊閉、頰腫、瘰癧。
Triple Warmer 18	瘈脈	頭痛、耳鳴、耳聾、小兒驚風、嘔吐、泄痢。
Triple Warmer 19	顱息	頭痛、身熱、耳鳴、耳聾、喘息、小兒驚風、嘔吐涎沫。
Triple Warmer 20	角孫	頭痛、項強、目赤腫痛、目翳、齒痛、頰腫、唇吻強。
Triple Warmer 21	耳門	耳鳴、耳聾、聤耳、齒痛、唇吻強、頭頷痛。
Triple Warmer 22	耳和髎	頭痛、頭重、耳鳴、牙關緊閉、口歪、頷腫、鼻準腫痛。
Triple Warmer 23	絲竹空	癲癇、頭痛、眩暈、目赤腫痛、眼瞼瞤動、齒痛。

足少陽膽經（Gallbladder Meridians）

子午流注：子時（23-01）		
儀器穴位編號	中醫對應穴名	穴位主治
Gallbladder 1	瞳子髎	頭痛、目赤腫痛、羞明流淚、迎風流淚、遠視不明、內障、目翳等目疾。
Gallbladder 2	聽會	耳鳴、耳聾、聤耳流膿、齒痛、頭面痛、下頷脫臼、口眼歪斜。

Gallbladder 3	上關	耳鳴、耳聾、聤耳、齒痛、面痛、口眼喎斜、口噤、驚癇、青盲。
Gallbladder 4	頷厭	頭痛、眩暈、驚癇、瘛瘲、耳鳴、目外眥痛、齒痛。
Gallbladder 5	懸顱	偏頭痛、目赤腫痛、面腫、目外眥痛、齒痛、鼻流濁涕。
Gallbladder 6	懸釐	偏頭痛、目赤腫痛、面腫、目外眥痛、耳鳴、上齒痛、熱病汗不出。
Gallbladder 7	曲鬢	頭痛連齒、頰頷腫、口噤。
Gallbladder 8	率谷	頭痛、眩暈、嘔吐、小兒急、慢驚風。
Gallbladder 9	天沖	頭痛、癲癇、驚恐、癭氣、牙齦腫痛。
Gallbladder 10	浮白	頭痛、耳鳴、耳聾、齒痛、癭氣、瘰癧、頸項強痛。
Gallbladder 11	頭竅陰	頭痛、眩暈、頸項強痛、胸脅痛、口苦、耳鳴、耳聾、耳痛、四肢轉筋。
Gallbladder 12	完骨	癲癇、頭痛、頸項強痛、喉痹、頰腫、齲齒、齒痛、口眼喎斜、瘧疾。
Gallbladder 13	本神	癲癇、小兒驚風、中風、半身不遂、頸項強痛、胸脅痛、頭痛、目眩。
Gallbladder 14	陽白	頭痛、目眩、目痛、雀目、外眥疼痛、視物模糊、眼瞼瞤動。
Gallbladder 15	頭臨泣	頭痛、目痛、目眩、流淚、目翳、鼻塞、鼻淵、耳聾、小兒驚癇、熱病。
Gallbladder 16	目窗	頭痛、面浮腫、上齒齲腫、目痛、目眩、遠視、近視、小兒驚癇。
Gallbladder 17	正營	頭痛、頭暈、目眩、唇吻強急、齒痛。
Gallbladder 18	承靈	頭痛、眩暈、目痛、鼻淵、鼻衄、鼻窒、多涕、喘息。
Gallbladder 19	腦空	熱病、頭痛、頸項強痛、目眩、目赤腫痛、鼻痛、耳聾、驚悸、癲癇。

Gallbladder 20	風池	中風、癲癇、頭痛、眩暈、耳鳴等內風為患者、感冒、熱病、癭氣、鼻塞、鼻衄、鼻淵、目赤腫痛、羞明流淚、耳聾（耳聾氣閉）、口眼歪斜等外風為患者、頸項強痛。
Gallbladder 21	肩井	頸項強痛、肩背疼痛、上肢不遂、中風、諸虛百損、難產、乳癰、乳汁不下、瘰歷。
Gallbladder 22	淵腋	胸滿、脅痛、上肢痺痛、腋下腫。
Gallbladder 23	輒筋	胸滿、氣喘、脅痛（胸脅痛）、嘔吐、吞酸、腋腫、肩背痛。
Gallbladder 24	日月	黃疸、嘔吐、吞酸、呃逆等膽腑病、脅痛、胸肋疼痛、脹滿。
Gallbladder 25	京門	小便不利、水腫、腹脹、腸鳴、腹瀉、腰痛、脅痛、溢飲、脊強反折。
Gallbladder 26	帶脈	月經不調、閉經、赤白帶下、疝氣、腰痛、脅痛、腰腹無力。
Gallbladder 27	五樞	陰挺、赤白帶下、月經不調、疝氣、小腹痛、便祕、腰胯痛。
Gallbladder 28	維道	陰挺、赤白帶下、月經不調、水腫、疝氣、小腹痛、腰胯痛。
Gallbladder 29	居髎	腰腿痺痛、癱瘓、疝氣、小腹痛。
Gallbladder 30	環跳	腰胯疼痛、下肢痿痺、半身不遂、遍身風疹、挫閃腰疼、膝踝腫痛不能轉側。
Gallbladder 31	風市	下肢痿痺、麻木、中風、半身不遂、遍身瘙癢、腳氣。
Gallbladder 32	中瀆	下肢痿痺、麻木、半身不遂。
Gallbladder 33	腰陽關	膝膕腫痛、膕筋攣急、小腿麻木。
Gallbladder 34	陽陵泉	黃疸、腳氣、脅痛、口苦、嘔吐、吞酸等膽腑病、膝腫痛、半身不遂、下肢痿痺、麻木、小兒驚風、破傷風、月經過多。

Gallbladder 35	陽交	驚狂、癲癇、瘈瘲、面腫、胸脅滿痛、膝股痛、下肢痿痹。
Gallbladder 36	外丘	癲狂、胸脅脹滿、膚痛痿痹、頸項痛、下肢痿痹。
Gallbladder 37	光明	目痛、夜盲、胸乳脹痛、下肢痿痹、脛熱膝痛。
Gallbladder 38	陽輔	偏頭痛、目外眥痛、缺盆腫痛、咽喉腫痛、腋下腫痛、胸脅滿痛、瘰癧、下肢痿痹、下肢外側痛、瘧疾、半身不遂、喉痹。
Gallbladder 39	懸鐘	癡呆、中風、半身不遂、頸項強痛、胸脅滿痛、腋下腫、下肢痿痹、膝腿痛、腳氣。
Gallbladder 40	丘墟	目赤腫痛、目生翳膜、頸項痛、腋下腫、胸脅痛、外踝腫痛、疝氣、瘧疾、下肢痿痹、中風偏癱。
Gallbladder 41	足臨泣	偏頭痛、中風偏癱、瘧疾、頭痛、目外眥痛、目眩、目赤腫痛、痹痛、脅肋疼痛、足跗疼痛、月經不調、乳癰、瘰癧。
Gallbladder 42	地五會	頭痛、目赤腫痛、耳鳴、耳聾、乳癰、腋腫、脅痛、足跗腫痛、內傷吐血。
Gallbladder 43	俠谿	驚悸、頭痛、眩暈、耳鳴、耳聾、頰腫、目外眥赤痛、胸脅痛、脅肋疼痛、膝股痛、足跗腫痛、乳癰。
Gallbladder 44	足竅陰	頭痛、偏頭痛、目眩、目赤腫痛、耳鳴、耳聾、咽喉腫痛、多夢、熱病、胸脅痛、足跗腫痛。

子午流注：丑時（01-03）		
儀器穴位編號	中醫對應穴名	穴位主治
Liver 1	大敦	疝氣、小腹痛、善寐、便閉、遺尿、癃閉、五淋、尿血、月經不調、崩漏、縮陰、陰中痛、陰挺、癲癇、善寐。
Liver 2	行間	中風、癲癇、頭痛、目眩、目赤腫痛、青盲、口歪、失眠、月經不調、痛經、閉經、崩漏、帶下、陰中痛、疝氣、遺尿、癃閉、五淋、胸脅滿痛、嘔血、呃逆、咳嗽、泄瀉、嗜食、腹脹、下肢內側痛、足跗腫痛。
Liver 3	太沖	中風、癲癇、小兒驚風、頭痛、眩暈、耳鳴、目赤腫痛、口歪、咽痛、月經不調、痛經、經閉、崩漏、帶下、脅痛、腹脹、嘔逆、黃疸、疝氣、癃閉、遺尿、下肢痿痹、膝股內側痛、足跗腫痛。
Liver 4	中封	疝氣、陰莖痛、遺精、小便不利、黃疸、腰痛、小腹痛、足冷、內踝腫痛、嗌乾、面蒼白、畏寒、五淋。
Liver 5	蠡溝	月經不調、赤白帶下、陰挺、陰癢、小便不利、疝氣、睪丸腫痛、小腹滿、腰背拘急、脛部痠痛。
Liver 6	中都	疝氣、小腹痛、崩漏、惡露不盡。
Liver 7	膝關	膝髕腫痛、寒濕走注、歷節風痛、下肢痿痹。
Liver 8	曲泉	月經不調、痛經、帶下、陰挺、陰癢、產後腹痛、遺精、陽痿、疝氣、小便不利、癲狂、頭痛、目眩、膝髕腫痛、下肢痿痹、氣喘。
Liver 9	陰包	月經不調、小便不利、遺尿、腰骶痛引少腹、腰痛。
Liver 10	足五里	小腹痛、小便不通、陰挺、睪丸腫痛、嗜臥、瘰癧。
Liver 11	陰廉	月經不調、帶下、小腹痛、婦人不妊。
Liver 12	急脈	小腹痛、疝氣、陰挺、睪丸痛。

儀器穴位編號	中醫對應穴名	穴位主治
Liver 13	章門	腹痛、腹脹、腸鳴、腹瀉、嘔吐、胸脅痛、黃疸、痞塊、小兒疳疾、神疲肢倦、身目閏、咳、少氣、腰脊冷痛、溺多白濁。
Liver 14	期門	胸脅脹痛、乳癰、嘔吐、吞酸、呃逆、吞酸、腹脹、腹瀉、咳喘、奔豚、傷寒熱入血室。

13 SECTION 任脈（Conception Vessel）

儀器穴位編號	中醫對應穴名	穴位主治
Conception Vessel 1	會陰	溺水窒息、昏迷、癲癇、小便不利、遺尿、陰痛、陰癢、脫肛、陰挺、痔瘡、遺精、月經不調。
Conception Vessel 2	曲骨	少腹脹滿、小便淋瀝、遺尿、陽痿、陰囊濕癢、月經不調、痛經、赤白帶下。
Conception Vessel 3	中極	遺尿、小便不利、癃閉、遺精、陽痿、不育、月經不調、崩漏、陰挺、陰癢、不孕、產後惡露不止、帶下。
Conception Vessel 4	關元	中風脫證、虛勞冷憊、少腹疼痛、腹瀉、痢疾、脫肛、疝氣、五淋、便血、尿血、尿閉、尿頻、遺精、陽痿、早洩、白濁、月經不調、痛經、經閉、崩漏、帶下、陰挺、惡露不盡、胞衣不下。
Conception Vessel 5	石門	腹脹、腹瀉、痢疾、繞臍疼痛、奔豚、疝氣、水腫、小便不利、遺精、陽痿、經閉、帶下、崩漏、產後惡露不止。
Conception Vessel 6	氣海	虛脫、形體羸瘦、臟氣衰憊、乏力、水穀不化、繞臍疼痛、腹瀉、痢疾、便祕、小便不利、遺尿、遺精、陽痿、疝氣、月經不調、痛經、經閉、崩漏、帶下、陰挺、產後惡露不止、胞衣不下、水腫、氣喘。

儀器穴位編號	中醫對應穴名	穴位主治
Conception Vessel 7	陰交	腹痛、水腫、疝氣、小便不利、月經不調、崩漏、帶下。
Conception Vessel 8	神闕	陽氣暴脱、形寒神憊、屍厥、風癇、腹痛、腹脹、腹瀉、痢疾、便祕、脱肛、水腫、鼓脹、小便不利。
Conception Vessel 9	水分	水腫、小便不利、腹痛、腹瀉、胃反吐食。
Conception Vessel 10	下脘	腹痛、腹脹、腹瀉、嘔吐、食穀不化、小兒疳疾、痞塊。
Conception Vessel 11	建里	胃痛、嘔吐、食欲不振、腹脹、腹痛、水腫。
Conception Vessel 12	中脘	胃痛、腹脹、納呆、嘔吐、吞酸、呃逆、疳疾、黃疸、癲癇、臟燥、屍厥、失眠、驚悸、哮喘。
Conception Vessel 13	上脘	胃痛、嘔吐、呃逆、腹脹、癲癇。
Conception Vessel 14	巨闕	癲癇、胸痛、心悸、嘔吐、吞酸。
Conception Vessel 15	鳩尾	癲癇、胸滿、咳喘、皮膚痛或瘙癢。
Conception Vessel 16	中庭	胸腹脹滿、噎膈、嘔吐、心痛、梅核氣。
Conception Vessel 17	膻中	咳嗽、氣喘、胸悶、心痛、噎膈、呃逆、產後乳少、乳癰。
Conception Vessel 18	玉堂	咳嗽、氣喘、胸悶、胸痛、乳房脹痛、喉痹、咽腫。
Conception Vessel 19	紫宮	咳嗽、氣喘、胸痛。
Conception Vessel 20	華蓋	咳嗽、氣喘、胸痛、喉痹。

Conception Vessel 21	璇璣	咳嗽、氣喘、胸痛、咽喉腫痛。
Conception Vessel 22	天突	咳嗽、哮喘、胸痛、咽喉腫痛、暴瘖、瘿氣、梅核氣、噎嗝。
Conception Vessel 23	廉泉	舌強不語、暴瘖、喉痹、吞咽困難、舌緩流涎、舌下腫痛、口舌生瘡。
Conception Vessel 24	承漿	口歪、齒齦腫痛、流涎、暴瘖、癲狂。

督脈（Governing Vessel）

儀器穴位編號	中醫對應穴名	穴位主治
Governing Vessel 1	長強	腹瀉、痢疾、便血、便祕、痔瘡、脫肛、癲癇、瘛瘲、脊強反折。
Governing Vessel 2	腰俞	腹瀉、痢疾、便血、便祕、痔瘡、脫肛、月經不調、經閉、腰脊強痛、下肢痿痹。
Governing Vessel 3	腰陽關	腰骶疼痛、下肢痿痹、月經不調、赤白帶下、遺精、陽痿。
Governing Vessel 4	命門	脊強痛、下肢痿痹、月經不調、赤白帶下、痛經、經閉、不孕、遺精、陽痿、精冷不育、小便頻數、小腹冷痛、腹瀉。
Governing Vessel 5	懸樞	腰脊強痛、腹脹、腹痛、完穀不化、腹瀉、痢疾。
Governing Vessel 6	脊中	癲癇、黃疸、腹瀉、痢疾、小兒疳疾、痔瘡、脫肛、便血、腰脊強痛。
Governing Vessel 7	中樞	黃疸、嘔吐、腹滿、胃痛、食欲不振、腰背疼痛。

儀器穴位編號	中醫對應穴名	穴位主治
Governing Vessel 8	筋縮	癲癇、抽搐、脊強、背痛、四肢不收、筋攣拘急、胃痛、黃疸。
Governing Vessel 9	至陽	黃疸、胸脅支滿、咳嗽、氣喘、腰背疼痛、脊強。
Governing Vessel 10	靈台	咳嗽、氣喘、脊痛、項強、疔瘡。
Governing Vessel 11	神道	心痛、心悸、怔忡、失眠、健忘、中風不語、癲癇、咳嗽、氣喘、腰脊強、肩背痛。
Governing Vessel 12	身柱	身熱頭痛、咳嗽、氣喘、驚厥、癲癇、腰脊強痛、疔瘡發背。
Governing Vessel 13	陶道	熱病、瘧疾、惡寒發熱、咳嗽、氣喘、骨蒸潮熱、癲狂、脊強。
Governing Vessel 14	大椎	熱病、瘧疾、惡寒發熱、咳嗽、氣喘、骨蒸潮熱、胸痛、癲癇、小兒驚風、項強、脊痛、風疹、痤瘡。
Governing Vessel 15	啞門	暴瘖、舌緩不語、中風、癲癇、癔病、頭重、頭痛、頸項強急。
Governing Vessel 16	風府	中風、癲癇、癔病、眩暈、頭痛、頸項強痛、咽喉腫痛、失音、目痛、鼻衄。
Governing Vessel 17	腦戶	頭暈、項強、失音、癲癇。
Governing Vessel 18	強間	頭痛、目眩、項強、癲狂。
Governing Vessel 19	後頂	頭痛、眩暈、癲癇。
Governing Vessel 20	百會	中風、癡呆、癲癇、癔病、瘈瘲、頭風、頭痛、眩暈、耳鳴、驚悸、失眠、健忘、脫肛、陰挺、腹瀉。

Governing Vessel 21	前頂	中風、頭痛、眩暈、鼻淵、癲癇。
Governing Vessel 22	囟會	頭痛、眩暈、鼻淵、癲癇。
Governing Vessel 23	上星	頭痛、目痛、鼻淵、鼻衄、熱病、瘧疾、癲狂。
Governing Vessel 24	神庭	癲癇、中風、頭痛、目眩、失眠、驚悸、目赤、目翳、鼻淵、鼻衄。
Governing Vessel 25	印堂	頭痛、眩暈、鼻衄、鼻淵、小兒驚風、失眠。
Governing Vessel 26	素髎	昏迷、驚厥、新生兒窒息、鼻淵、鼻衄、喘息。
Governing Vessel 27	水溝	昏迷、暈厥、中風、中暑、癔病、癲癇、急慢驚風、鼻塞、鼻衄、面腫、口歪、齒痛、牙關緊閉、閃挫腰痛。
Governing Vessel 28	兌端	昏迷、暈厥、癲狂、癔病、口歪、口噤、口臭、齒痛、消渴嗜飲。
Governing Vessel 29	齦交	口歪、口噤、口臭、齒衄、齒痛、鼻衄、面赤頰腫、癲狂、項強。

時光機表格（病因回溯掃描）

Quantum Space Equalizer: Time Machine Tables

秒鐘／分鐘						時	時間段	日期			月分	西元年分			
10	20	30	40	50	60	12	凌晨	10	20	31	12	個	拾	百	千
9	19	29	39	49	59	11		9	19	30	11	9	9	9	2
8	18	28	38	48	58	10	晚上 PM	8	18	29	10	8	8	8	1
7	17	27	37	47	57	9		7	17	28	9	7	7	7	0（西元）
6	16	26	36	46	56	8	中午	6	16	27	8	6	6	6	0（西元前）
5	15	25	35	45	55	7		5	15	26	7	5	5	5	
4	14	24	34	44	54	6		4	14	25	6	4	4	4	
3	13	23	33	43	53	5		3	13	24	5	3	3	3	
2	12	22	32	42	52	4	早上 AM	2	12	23	4	2	2	2	
1	11	21	31	41	51	3		1	11	22	3	1	1	1	
						2				21	2	0	0	0	
						1					1				

使用說明

①使用儀器配置的掃描光筆。

②分別由「西元年分」由右掃描至「秒鐘」為止。

③數字掃描為由下而上（請由表格外開始掃描）。

④「秒數」及「分數」共用一份數字表，掃描為由下而上，由左至右。

⑤請先掃「分鐘數」後，共用同一數字表，再掃一次為「秒鐘數」。

常見 Q&A

Q&A

QUESTION .01

為什麼不同種類的量子貼片，有不同的建議黏貼位置？如果沒有貼在建議的身體部位或穴道，量子貼片還能產生效果嗎？

如果是我設計的功能貼片，大部分都有穴位定位的功能，因此亂貼也會有效。因為我都是用中醫的理論設計貼片內的療程，所以不會為了處理某個問題，而單純只處理某個問題（看到什麼，處理什麼）。

舉例來講，我在處理高血壓的現象時，所使用的中藥訊息，皆與高血壓這個現象無關，但是一施用該量子貼片時，高血壓現象就會消失。另外，訊息調理本身就是全面性的（全息現象），不需要施用在特定穴位，但使用中醫理論配合訊息，針對特定穴位來貼，會有一定的加強顯化效果。

QUESTION .02

量子貼片除了可以貼在人體上，還可以貼在哪些地方？或是還有哪些應用方式？

量子貼片目前已知可施用在人、事、地、物上，沒有什麼限制，只受限於自己的創意夠不夠而已。

例如：要施用在農業上面，植物比較無法直接貼上量子貼片，因此我們會用一個塑料項鍊殼把貼片放在裡面保護起來，然後放在靠近要調整的植物附近；或是也可以直接貼在花盆上面；若要放在水裡，就要設法防水；也有人裝在塑膠外殼，然後帶在身上；也可以把量子貼片放在任何量子貼片強化器（龍泉杯墊、綠源杯墊）上面，效果都很佳。

量子倚天萬用棒、量子屠龍萬用棒、龍泉杯墊、綠源杯墊等，都是由量子貼片所製造出的延伸產品。

儀器用戶向鈦生量子科技有限公司購入量子貼片並使用過後，可自行用量子空間等化儀（Q.S.E. 3000型）重新將訊息寫入已使用過的量子貼片中，並重複使用該量子貼片嗎？

量子貼片只要主結構未損傷，可以重複無限制的清除、寫入，技術規格是10年（結構未損傷的前提）。

所謂的損傷是指：深陷的刮痕、受潮、乾燥，甚至是摺痕。因為量子貼片的主結構有三層，其中一層為膠體，過度乾燥會讓膠體結構起化學變化，膠體一旦起了變化，就會影響鋁鍍層，而量子訊息就是承載在鋁鍍層上面。

如果想加入酷比悠量子遊戲平台（TQCIS）成為會員，須滿足哪些條件？（例如：要先下載哪個APP嗎？需要先購買 Q.S.E. 儀器或 Q.S.E. 儀器軟體之類？）

沒有任何身分限制，也沒有任何特殊條件。只要使用任何可以上網的設備，像電腦、平板、手機、聯網電視等。目前來講，能上網的設備會配有瀏覽器這類的軟體或APP，只要用瀏覽器就可以使用酷比悠量子遊戲平台（TQCIS）。比較建議的是，使用 Google 所設計的 Chrome 瀏覽器。

酷比悠量子遊戲平台（TQCIS）的註冊、加入、使用都是免費的，當然有部分功能是收費的。量子平台每天都會贈送一定數量的點數，讓所有使用者在平台上折抵使用。

如果想成為量子訊息等化師（Quantum Information Equalizer），需要參加什麼課程或考核？有相關的接受培訓管道嗎？可以去哪裡報名？

要成為量子訊息等化師（Quantum Information Equalizer）的前提是，擁有量子空間等化儀（標準版、精簡版），並且熟悉量子儀器的基本操作。熟悉操作後，開始幫助周圍的人，且獲取別人的認同。

在成為量子訊息等化師（Quantum Information Equalizer）前，必須參加Q.S.E. 的相關培訓、共修課程，在課程中同步進行考核及義務工作擔任。

一段時間後，鈦生量子科技有限公司會依需要舉辦量子訊息等化師（Quantum Information Equalizer）的授證餐會，除了授證主要活動外，也會同時邀請全體儀器用戶一起來共襄盛舉，享受豐盛一餐。

QUESTION .06

什麼樣的人適合成為量子訊息等化師（Quantum Information Equalizer）？

由於成為量子訊息等化師（Quantum Information Equalizer）有其必要條件。一般來講，會花這麼多錢來購買量子空間等化儀都是有原因的。最常見的就是調理身體（調理自己或親屬），或是事業經營方面的應用。

而在成功使用量子空間等化儀解決自己的問題後，大部分人就會開始延伸去幫助周圍的人，不管是身體或事業，都會因為這樣去做，而累積許多的處理經驗。在這學習、驗證、幫助他人的過程，都有全體的Qser（儀器用戶）一起陪伴與協助（不像一般的量子儀器，都是靠自己孤軍奮戰）。

不管是久病成良醫還是演而優則導，我們已經成功輔導了為數不少的量子訊息等化師（Quantum Information Equalizer），也是推廣量子空間等化儀的前導部隊。因此，沒有適不適合的問題（我們年齡最大的Qser約75歲），只有自問有沒有真心學習的動力。

QUESTION .07

如果病人本身就有在服用西藥或中藥，此時還可以同時使用量子空間等化儀（Q.S.E. 3000型）或量子貼片、量子倚天萬用棒、量子屠龍萬用棒等量子相關產品嗎？會不會對原本的治療藥物產生任何影響？

根據物質、能量、訊息之間的層級關係來看，因為物質界的藥物最低階，所以影響是立即發生，而訊息產品是作用在訊息層，需要經過身體降階後，才起作用。

因此，訊息產品順利降階到物質層時，往往物質藥物早就已經被身體所代謝完畢，而不會對治療藥物產生任何影響。另外，訊息產品不至於影響中藥的調理，且西藥本身的副作用就很多（請參照西藥的藥袋），因此訊息造成影響的可能性就更低。

如果接受量子空間等化儀（Q.S.E. 3000型）的調理，或使用量子貼片、量子倚天萬用棒、量子屠龍萬用棒等量子相關產品後，身體反而出現不舒服的狀況（好轉反應）時，應該怎麼辦？

訊息調理是非常安全的行為，10幾年來從沒有聽過客戶反應身體有出現明顯的好轉反應（因為作用機轉不同），頂多就是暈眩罷了！

如果因為訊息降階後的能量太強，只要停止使用，好轉反應就會慢慢消失。因為訊息產品都是外用，不像藥物要吃進體內，一旦有反應又無法把藥物從身體裡面移出，所以訊息產品的安全性高。

如果不小心選錯量子空間等化儀（Q.S.E. 3000型）的程式來調整問題，或不小心貼錯量子貼片的種類，會造成什麼負面影響嗎？此時該怎麼辦？

不會造成負面影響，頂多可能會感到輕微的暈眩不適。因為訊息調理有一個特性是：「不對症，不共振。」

因此，亂用或是用錯，頂多是浪費時間而已。由此可知，訊息調理相當安全。

感謝名錄

Thanks List

　　我推廣訊息在物質界的應用已經超過10年，一直到因為新冠疫情而限制在台灣停留（因為我不想打疫苗，也不想被隔離）。本來以為在台灣能藉著疫情好好休息一陣子！

　　沒想到因為以前因緣認識的友人（張康靖先生），知道我在台灣後，主動與我聯繫，他除了自身購買一部Q.S.E. 3000型外，也開始幫我籌辦相關的推廣活動。後來，有一位參與課程的女士（藍懷恩小姐）也加入推廣活動，並動用大量的人脈舉辦了非常多的科普推廣課程，從藍小姐開始介入大力推廣後，Q.S.E. 3000型與相關的訊息理論開始在台灣開枝散葉。

　　在藍小姐的某一場科普課程中，我認識了三友圖書的總編盧美娜小姐，也促成了此書的出版。本來此書很快就能出版，但因為開始整理書稿後，台灣的疫情突然開始嚴重，也導致我忙於處理疫情的相關工作，而影響了書稿的整理。很感謝三友圖書的盧總編團隊，有耐心地等待我超過1年的緩慢動作，並提供必要的協助。

　　在此書完稿之時，特別感謝以下人士：張康靖先生、藍懷恩小姐、盧美娜小姐及編輯團隊。

RECOMMENDED BOOKS
好書推薦

書　名	天賦優勢心理學應用入門：27 秒讀懂你的人生使用說明書
作　者	林嘉怡
ISBN	978-986-99529-7-2
定　價	380 元

帶你用數字 1-9 看見自身的天賦，相信自己的無限可能；用數字解開情感枷鎖、擺脫負面情緒，好好愛自己；帶你覺察自身狀態，重回人生向陽面！

書　名	感恩顯化：120 天種下豐盛種子
作　者	黃于容（Bellra）
ISBN	978-626-96161-5-2
定　價	398 元

你期待成為自己人生的規劃師嗎？你想要所有未來的展現，都是心中所想嗎？超簡單、輕鬆的心想事成方法，只要每日寫下欲成真的事物，運用正能量頻率、感恩所獲，就能顯化出更高版本的自己！

書　名	一根筷子啟動身體自癒力：隨來筷鍼 × 居家保健（書 + 筷鍼乙支）
作　者	游基聰
ISBN	978-986-95017-6-7
定　價	420 元

筷鍼按一按，痠痛 OUT，健康 UP ！筷鍼 × 穴道 × 呼吸法，按摩技巧大解密，找穴技巧、按摩流程，動態影片一看就懂；對症取穴，帶你舒筋活血，啟動身體自癒力；保健 × 防病 × 養顏 × 塑身，在家就能輕鬆達成！

書　名	羅盤入門：快速看懂羅盤各層的用途及操作方法
作　者	妙清居士
ISBN	978-626-9616-16-9
定　價	350 元

羅盤新手輕鬆入門的第一本書，零基礎也 OK ！羅盤應用須知 × 解讀盤面必備概念，一次解惑；盤面分層圖解 X 操作方法解析，完全教授不藏私；讓你能快速學會使用羅盤各層測定方位、判讀盤面含意！

書 名	巴赫花精新手指南
作 者	Lilian，花精編輯小組
ISBN	978-986-383-120-4
定 價	380 元

零基礎也 OK！寫給巴赫花精初學者的入門書；從療癒概念、分類方法認識巴赫花精系統；從七類情緒、適用時機快速理解 39 種花精；從諮商觀察學會對人、寵物、植栽的應用；讓你更懂得覺察身心狀態，與情緒共存，活出正向人生！

書 名	聲音零極限：直接有效的煉聲術
作 者	邱筑君
ISBN	978-986-383-027-6
定 價	420 元

不管是講話拖尾音、聲音太尖銳，這些聲音總會被歸類到「聽起來不舒服的聲音」，但我們可能都不自覺。書中將教你如何正確說話，除了運用身體伸展、下巴和肩膀放鬆外，配搭獨創練習方式，讓你更輕鬆的上手！

書 名	天賦優勢心理學・銷售應用篇：打造銷售天賦，助你「碼」上成交
作 者	林俊安
ISBN	978-986-06925-6-3
定 價	380 元

天賦優勢心理學銷售應用篇，帶你快速了解自己、同理顧客！用天賦優勢密碼認識自我銷售天賦，重新強化職場即戰力；用天賦優勢密碼看透顧客期待，精準出招、滿足顧客心理；帶你調整自身狀態，從此掌握成交法則，成為王牌銷售員！

書 名	靈動數字：強化運勢的祕法
作 者	妙清居士
ISBN	978-986-06925-7-0
定 價	300 元

在我們日常生活中，包含身分證、車牌號碼、存摺帳號等都有數字，這些數字也潛藏著能量，而靈動數字，就是運用易經 64 卦來解釋數字所代表的吉凶。最簡單實用的易經數字寶典，隨時隨地讓你查詢運勢（運途）！

逸情過後·
科技已至：
量子空間等化儀系列一 下

書　　　名	逸情過後·科技已至： 量子空間等化儀系列一（下冊）
作　　　者	莫明
主　　　編	譽緻國際美學企業社·莊旻嬑
助理編輯	譽緻國際美學企業社·許雅容
美　　　編	譽緻國際美學企業社·羅光宇
封面設計	洪瑞伯
發 行 人	程顯灝
總 編 輯	盧美娜
美術編輯	博威廣告
製作設計	國義傳播
發 行 部	侯莉莉
財 務 部	許麗娟
印　　務	許丁財
法律顧問	樸泰國際法律事務所許家華律師

藝文空間	三友藝文複合空間
地　　　址	106 台北市安和路 2 段 213 號 9 樓
電　　　話	（02）2377-1163
出 版 者	四塊玉文創有限公司
總 代 理	三友圖書有限公司
地　　　址	106 台北市安和路 2 段 213 號 9 樓
電　　　話	（02）2377-4155、（02）2377-1163
傳　　　真	（02）2377-4355、（02）2377-1213
E - m a i l	service@sanyau.com.tw
郵政劃撥	05844889 三友圖書有限公司
總 經 銷	大和圖書股份有限公司
地　　　址	新北市新莊區五工五路 2 號
電　　　話	（02）8990-2588
傳　　　真	（02）2299-7900
初　　　版	2023 年 01 月
定　　　價	新臺幣 425 元
I S B N	978-626-7096-24-6（下冊：平裝）

國家圖書館出版品預行編目（CIP）資料

逸情過後.科技已至：量子空間等化儀系列. 一 / 莫
明作. -- 初版. -- 臺北市：四塊玉文創有限公司,
2023.1
　　面；　公分
　　ISBN 978-626-7096-24-6(下冊：平裝)

1.CST: 量子力學

331.3　　　　　　　　　　　　　　111019899

三友官網

三友 Line@

五味八珍的餐桌
—— 品牌故事 ——

60 年前，傅培梅老師在電視上，示範著一道道的美食，引領著全台的家庭主婦們，第二天就能在自己家的餐桌上，端出能滿足全家人味蕾的一餐，可以說是那個時代，很多人對「家」的記憶，對自己「母親味道」的記憶。

程安琪老師，傳承了母親對烹飪教學的熱忱，年近 70 的她，仍然為滿足學生們對照顧家人胃口與讓小孩吃得好的心願，幾乎每天都忙於教學，跟大家分享她的烹飪心得與技巧。

安琪老師認為：烹飪技巧與味道，在烹飪上同樣重要，加上現代人生活忙碌，能花在廚房裡的時間不是很穩定與充分，為了能幫助每個人，都能在短時間端出同時具備美味與健康的食物，從 2020 年起，安琪老師開始投入研發冷凍食品。

也由於現在冷凍科技的發達，能將食物的營養、口感完全保存起來，而且在不用添加任何化學元素情況下，即可將食物保存長達一年，都不會有任何質變，「急速冷凍」可以說是最理想的食物保存方式。

在歷經兩年的時間裡，我們陸續推出了可以用來做菜，也可以簡單拌麵的「鮮拌醬料包」、同時也推出幾種「成菜」，解凍後簡單加熱就可以上桌食用。

我們也嘗試挑選一些熟悉的老店，跟老闆溝通理念，並跟他們一起將一些有特色的菜，製成冷凍食品，方便大家在家裡即可吃到「名店名菜」。

傳遞美味、選材惟好、注重健康，是我們進入食品產業的初心，也是我們的信念。

冷凍醬料做美食

程安琪老師研發的冷凍調理包，讓您在家也能輕鬆做出營養美味的料理。

**冷凍醬料的
5 大優點**

省調味 × 超方便 × 輕鬆煮 × 多樣化 × 營養好

選用國產天麴豬，符合潔淨標章認證要求，我們在材料和製程方面皆嚴格把關，保證提供令大眾安心的食品。

三友官網

五味八珍的
餐桌官網

五味八珍的
餐桌 FB

程安琪
鮮拌味 FB

程安琪入廚
40 年 FB

五味八珍的
餐桌 LINE @

聯繫客服 電話：02-23771163 傳真：02-23771213

程安琪

冷凍醬料調理包

香菇蕃茄紹子

歷經數小時小火慢熬蕃茄，搭配香菇、洋蔥、豬絞肉，最後拌炒獨家私房蘿蔔乾，堆疊出層層的香氣，讓每一口都衝擊著味蕾。

雪菜肉末

台菜不能少的雪裡紅拌炒豬絞肉，全雞熬煮的雞湯是精華更是秘訣所在，經典又道地的清爽口感，叫人嘗過後欲罷不能。

麻辣紹子

麻與辣的結合，香辣過癮又銷魂，採用頂級大紅袍花椒，搭配多種獨家秘製辣椒配方，雙重美味、一次滿足。

北方炸醬

堅持傳承好味道，鹹甜濃郁的醬香，口口紮實、色澤鮮亮、香氣十足，多種料理皆可加入拌炒，迴盪在舌尖上的味蕾，留香久久。

冷凍家常菜

一品金華雞湯

使用金華火腿（台灣）、豬骨、雞骨熬煮八小時打底的豐富膠質湯頭，再用豬腳、土雞燜燉2小時，並加入干貝提升料理的鮮甜與層次。

靠福・烤麩

一道素食者可食的家常菜，木耳號稱血管清道夫，花菇為菌中之王，綠竹筍含有豐富的纖維質。此菜為一道冷菜，亦可微溫食用。

3種快速解凍法

想吃熱騰騰的餐點，就是這麼簡單

1. 回鍋解凍法
將醬料倒入鍋中，用小火加熱至香氣溢出即可。

2. 熱水加熱法
將冷凍調理包放入熱水中，約2～3分鐘即可解凍。

3. 常溫解凍法
將冷凍調理包放入常溫水中，約5～6分鐘即可解凍。

私房菜

純手工製作，交期較久，如有需要請聯繫客服
02-23771163

紅燒獅子頭

程家大肉

頂級干貝 XO 醬